水利水电工程建设管理研究

宁明庚　田文丽　刘瑛文◎著

吉林科学技术出版社

图书在版编目（CIP）数据

水利水电工程建设管理研究 / 宁明庚, 田文丽, 刘瑛文著. -- 长春 : 吉林科学技术出版社, 2022.11
ISBN 978-7-5744-0023-8

Ⅰ. ①水… Ⅱ. ①宁… ②田… ③刘… Ⅲ. ①水利水电工程－工程管理－研究 Ⅳ. ①TV5

中国版本图书馆 CIP 数据核字(2022)第 233430 号

水利水电工程建设管理研究

作　　者　宁明庚 田文丽 刘瑛文
责任编辑　金方建
幅面尺寸　185mm×260mm　1/16
字　　数　280 千字
印　　张　12.25
版　　次　2024 年 7 月第 1 版
印　　次　2024 年 7 月第 1 次印刷

出　　版　吉林科学技术出版社
发　　行　吉林科学技术出版社
地　　址　长春市净月区福祉大路 5788 号
邮　　编　130118
发行部电话/传真　0431-81629529　81629530　81629531
81629532　81629533　81629534
储运部电话　0431-86059116
编辑部电话　0431-81629518
印　　刷　北京四海锦诚印刷技术有限公司

书　　号　ISBN 978-7-5744-0023-8
定　　价　70.00 元

前言

水资源是维持人类生存和促进社会发展的重要物质基础，水资源的开发利用，是改造自然、利用自然的一个重要方面，因此，加强对水资源的合理开发以及可持续利用显得尤为重要。与此同时，经济与科学技术的发展，也使水利事业在国民经济中的命脉和基础产业地位愈加突出；水利工程建设水平的提高进一步促进水利水电的开发利用，对保护生态环境、促进我国经济发展具有举足轻重的作用。

随着我国改革的深入和经济的发展，为适应新时期水利建设的发展和要求，国家加大了对水利水电工程的投资，水利水电建设和发展达到了前所未有的高度。水利水电是社会经济发展的重要基础设施和基础产业，水利水电工程是指通过控制和调配自然界的地表水和地下水、达到消除水害和开发利用水资源而修建的工程，是人类社会认识自然、利用自然、改造自然的实践活动。

水利水电工程建设管理是在项目建设周期内进行的有效的规划、组织、协调、控制等系统管理活动，目的是在工期、质量、投资总额的约束条件下实现最优的项目建设，达到预定的目标。同时，水利水电作为国家基础设施建设项目，具有建设周期长、投资额大、社会影响广泛以及社会问题复杂等特点，因此要对水利水电工程的建设与管理做好社会评价工作。

本书从水利水电的概念和建设程序入手，论述了水利水电工程建设的内容，然后在此基础上对水利水电工程管理的模式进行了分析，并重点对水利水电建设前的准备管理和建设过程中所涉及的项目管理一一进行了分析，最后阐述了水利水电工程建设的质量管理和建设安全管理。整体来看，本书结构严谨、条理清晰，各个章节环环相扣，希望能够为我国水利水电工程建设管理研究提供一些有价值的参考。

前言

目录

第一章　水利水电工程建设概述

第一节　水利水电的相关概念

一、水资源

水资源是指可资利用或有可能被利用的水源，这个水源应具有足够的数量和合适的质量，并能够满足某一地方在一段时间内具体利用的需求。

根据全国科学技术名词审定委员会公布的水利科技名词中有关水资源的定义，水资源是指地球上具有一定数量和可用质量，并能从自然界获得补充并可资利用的水。

（一）水资源分布现状

1. 世界水资源

地球表面的71%被水覆盖，但淡水资源仅占所有水资源的0.5%，近70%的淡水固定在南极和格陵兰的冰层中，其余多为土壤水分或深层地下水，不能被人类利用。地球上只有不到1%的淡水或约0.007%的水可被人类直接利用，而中国人均淡水资源只占世界人均淡水资源的四分之一。

地球的储水量是很丰富的，共有14.5亿km^3之多。地球上的水，尽管储量巨大，但是能直接被人们生产和生活利用的却少得可怜。首先，海水又咸又苦，不能饮用，不能浇地，也难以用于工业；其次，地球的淡水资源仅占其总水量的2.5%，而在这极少的淡水资源中，又有70%以上被冻结在南极和北极的冰盖中，加上高山冰川和永冻积雪，有87%的淡水资源难以利用。人类真正能够利用的淡水资源是江河湖泊和地下水中的一部分，约占地球总水量的0.26%。全球淡水资源不仅短缺，而且地区分布极不平衡。按地区分布，巴西、俄罗斯、加拿大、中国、美国、印度尼西亚、印度、哥伦比亚和刚果这9个国家的淡水资源占世界淡水资源的60%。

2. 中国水资源

中国水资源总量为2.8万亿 m^3，居世界第6位。由于人口众多，人均水资源占有量仅为2100m^3，为世界人均水平的28%。而且，中国属于季风气候，水资源时空分布不均匀，南北自然环境差异大，其中北方9个省区，人均水资源不到500m^3，实属水少地区，特别是城市人口剧增，生态环境恶化，工农业用水技术落后，浪费严重，水源污染，更使原本贫乏的水资源“雪上加霜”，成为国家经济建设发展的一个瓶颈。

据监测，当前全国多数城市地下水受到一定程度的点状和面状污染，而且有逐年加重的趋势。日趋严重的水污染不仅降低了水体的使用功能，也进一步加剧了水资源短缺的矛盾，给我国正在实施的可持续发展战略带来了严重影响，严重威胁到城市居民的饮水安全和人民群众的健康。

中国水资源总量虽然较多，但人均量并不丰富。水资源地区分布不均，水土资源组合不平衡；年内分配集中，年际变化大；连丰连枯年份比较突出；河流的泥沙淤积严重。这些特点造成了中国容易发生水旱灾害、水的供需产生矛盾等问题，这也导致中国开发利用水资源、整治江河的任务十分艰巨。

（二）水资源开发和利用

水资源开发利用是改造自然、利用自然的一个方面，其目的是发展社会经济。最初开发利用目的比较单一，以需定供。随着工农业不断发展，逐渐变为以供定用，多目的、综合、有计划、有控制地开发利用。当前，各国都强调在开发利用水资源时，必须综合考虑经济效益、社会效益和环境效益三个方面。

水资源开发利用的内容很广，诸如农业灌溉、工业用水、生活用水、水能、航运、港口运输、淡水养殖、城市建设、旅游等。但是在对水资源的开发利用中，仍然存在一些有待探索的问题。例如，大流域调水是否会导致严重的生态失调？森林对水资源的作用到底有多大？大量利用南极冰会不会导致世界未来气候发生重大变化？全球气候变化和冰川进退对未来水资源有什么影响？它们对未来人类合理开发利用水资源具有深远的意义。

二、水利工程

水利工程是用于控制和调配自然界的地表水和地下水，从而达到除害兴利目的而修建的工程，也称为水工程。水是人类生产和生活必不可少的宝贵资源，但其自然存在的状态并不完全符合人类的需要。只有修建水利工程，才能控制水流，防止洪涝灾害，并对水量进行调节和分配，以满足人民生活和生产对水资源的需要。水利工程需要修建坝、堤、溢洪道、水闸、进水口、渠道、渡槽、筏道、鱼道等不同类型的水工建筑物，以实现其目标。

（一）分类

水利工程按目的或服务对象可分为：防止洪水灾害的防洪工程；防止旱、涝、渍灾，为农业生产服务的农田水利工程，或称灌溉和排水工程；将水能转化为电能的水力发电工程；改善和创建航运条件的航道和港口工程；为工业和生活用水服务，并处理和排除污水、雨水的城镇供水和排水工程；防止水土流失和水质污染，维护生态平衡的水土保持工程和环境水利工程；保护和增进渔业生产的渔业水利工程；围海造田，满足工农业生产或交通运输需要的海涂围垦工程；等等。同时为防洪、灌溉、发电、航运等多种目标服务的水利工程，称为综合利用水利工程。

蓄水工程指水库和塘坝（不包括专为引水、提水工程修建的调节水库），按大、中、小型水库和塘坝分别统计。

引水工程指从河流、湖泊等地表水体自流引水的工程（不包括从蓄水、提水工程中引水的工程），按大、中、小型规模分别统计。

提水工程指利用扬水泵站从河道、湖泊等地表水体提水的工程（不包括从蓄水、引水工程中提水的工程），按大、中、小型规模分别统计。

调水工程指水资源一级区或独立流域之间的跨流域调水工程，蓄、引、提工程中均不包括调水工程的配套工程。

地下水源工程指利用地下水的水井工程，按浅层地下水和深层承压水分别统计。

（二）组成

无论是治理水害还是开发水利，都需要通过一定数量的水工建筑物来实现。按照功用，水工建筑物大体分为三类：挡水建筑物、泄水建筑物和专门水工建筑物。由若干座水工建筑物组成的集合体称水利枢纽。

1. 挡水建筑物

挡水建筑物是阻挡或拦束水流、壅高或调节上游水位的建筑物，一般横跨河道的称为坝，沿水流方向在河道两侧修筑的称为堤。坝是形成水库的关键性工程。近代修建的坝，大多数采用当地土石料填筑的土石坝或用混凝土灌筑的重力坝，它依靠坝体自身的重量维持坝的稳定。当河谷狭窄时，可采用平面上呈弧线的拱坝。在缺乏足够筑坝材料时，可采用钢筋混凝土的轻型坝（俗称支墩坝），但它抵抗地震作用的能力和耐久性都较差。砌石坝是一种古老的坝，不易机械化施工，主要用于中小型工程。大坝设计中要解决的主要问题是坝体抵抗滑动或倾覆的稳定性、防止坝体自身的破裂和渗漏。土石坝或砂、土地基，在防止渗流引起的土颗粒移动破坏（所谓“管涌”和“流土”）中占有更重要的地位。在地震区建坝时，还要注意坝体或地基中浸水饱和的无黏性砂料在地震时发生强度突然消失而引起滑动的可能性，即所谓“液化现象”。

2. 泄水建筑物

泄水建筑物是能从水库安全可靠地放泄多余或需要水量的建筑物。历史上曾有不少土石坝，因洪水超过水库容量而漫顶造成溃坝。为保证土石坝的安全，必须在水利枢纽中设河岸溢洪道，一旦水库水位超过规定水位，多余水量将经由溢洪道泄出。混凝土坝有较强的抗冲刷能力，可利用坝体过水泄洪，称溢流坝。修建泄水建筑物，关键是要解决好消能、防蚀和抗磨问题。泄出的水流一般具有较大的动能和冲刷力，为保证下游安全，常利用水流内部的撞击和摩擦消除能量，如水跃消能或挑流消能等。当流速大于每秒10~15米时，泄水建筑物中行水部分的某些不规则地段可能出现所谓的空蚀破坏，即由高速水流在临近边壁处出现的真空穴所造成的破坏。防止空蚀的主要方法是尽量采用流线型体形，提高压力或降低流速，采用高强材料以及向局部地区通气等。多泥沙河流或当水中夹带有石碴时，还必须解决抵抗磨损的问题。

3. 专门水工建筑物

除上述两类常见的一般性水工建筑物外，为某一专门目的或为完成某一特定任务所设的渠道是输水建筑物，多数用于灌溉和引水工程。当遇高山挡路，可盘山绕行或开凿输水隧洞穿过；如与河、沟相交，则须设渡槽或倒虹吸。此外，还有同桥梁、涵洞等交叉的水工建筑物。水力发电站枢纽按其厂房位置和引水方式有河床式、坝后式、引水道式和地下式等。水电站建筑物主要有集中水位落差的引水系统、防止突然停车时产生过大水击压力的调压系统、水电站厂房以及尾水系统等。通过水电站建筑物的流速一般较小，但这些建筑物往往承受着较大的水压力，因此，许多部位要用钢结构。水库建成后大坝会阻拦船只、木筏、竹筏以及鱼类洄游等方面的原有通路，对航运和养殖的影响较大。因此，应专门修建过船、过筏、过鱼的船闸、筏道和鱼道。这些建筑物具有较强的地方性，修建前要做专门研究。

（三）特点

1. 很强的系统性和综合性

单项水利工程是同一流域、同一地区内各项水利工程的有机组成部分，这些工程既相辅相成，又相互制约；单项水利工程自身往往是综合性的，各服务目标之间既紧密联系，又相互矛盾。水利工程和国民经济的其他部门也是紧密相关的。规划设计水利工程必须从

全局出发，系统、综合地进行分析研究，才能找到最经济合理的优化方案。

2. **对环境有很大影响**

水利工程不仅通过其建设任务对所在地区的经济和社会产生影响，而且对江河、湖泊以及附近地区的自然面貌、生态环境、自然景观，甚至是区域气候，都将产生不同程度的影响。这种影响有利有弊，规划设计时必须对这种影响进行充分估计，努力发挥水利工程的积极作用，消除其消极影响。

3. **工作条件复杂**

水利工程中各种水工建筑物都是在难以确切把握的气象、水文、地质等自然条件下进行施工和运行的，它们又多承受水的推力、浮力、渗透力、冲刷力等方面的作用，工作条件较其他建筑物更为复杂。

4. **效益具有随机性**

水利工程的效益具有随机性，根据每年水文状况不同而效益不同，农田水利工程还与气象条件的变化有密切联系。

5. **要按照基本建设程序和有关标准进行**

水利工程一般规模大，技术复杂，工期较长，投资多，兴建时必须按照基本建设程序和有关标准进行。

三、水利水电工程

（一）水利水电工程简介

水利水电工程按工程作用分为水利工程和水电工程，通常由挡水建筑物、泄水建筑物、水电站建筑物、取水建筑物和通航建筑物构成，较为常见的水利枢纽是以发电为主，同时具有灌溉、供水、通航的功能，实际可以按照具体工程的特性，选取以上几种或全部水工建筑物构成水利枢纽。

水力发电是通过人工的方式升高水位或将水从高处引到低处，借助水流的动力带动发电机发电，再通过电网把电送入千家万户。水力发电具有可再生、污染小、费用低等特点，同时还可以起到改善河流通航、控制洪水、提供灌溉等作用，能够促进当地经济的快速发展。

（二）水利水电工程施工特点

水利水电工程项目自身施工的特点决定了其建设方法有别于一般的工程项目施工，具体的施工特点包括以下四个方面：

一是水利水电工程项目大部分都在远离城市的偏远山区，交通十分不便，且离工厂较远，造成施工材料、机械设备的采购难度较大，成本增加。所以，对于施工中的基础原材料，如砂石料、水泥等通常采用在工程项目施工的当地建厂生产的方法。

二是在水利水电工程建设过程中，涉及危险作业很多，例如爆破开挖、高处作业、洞室开挖、水下作业等，存在的安全隐患很大。

三是水利水电工程的建设选址一般在水利资源比较丰富的地方，通常是山谷河流之中，这样施工容易受到地质、地形、气象、水文等自然因素的影响。在工程建设的过程中需要控制的主要因素包括施工导流、围堰填筑和主体结构施工。

四是通常水利水电工程项目的工程量大、环境因素影响大、技术种类多、劳动强度大，因此，在施工参与人员、设备、选材等方面都有较高的专业性要求，施工方案也应该在施工的过程中不断修改与完善。

第二节　水利水电工程建设程序

一、建设程序

基本建设程序是建设项目从设想、选择、评估、决策、设计、施工到竣工验收、投入使用的整个建设过程中，各项工作必须遵守的先后次序的法则。按照建设项目发展的内在联系和发展过程，建设程序分成若干阶段，它们各有不同的工作内容，有机地联系在一起，有着客观的先后顺序，不可违反，必须共同遵守，这是因为它科学地总结了建设工作的实践经验，反映了建设工作所固有的客观自然规律和经济规律，是建设项目科学决策和顺利进行的重要保证。

根据我国目前对基本建设项目的管理规定，大中型项目由国家发改委审批，小型及一般地方项目由地方发改委审批。随着投资体制的改革和市场经济的发展，国家对基本建设程序的审批权限几经调整，但建设程序始终未变，我国现行的基本建设程序分为立项、可行性研究、初步设计、开工建设和竣工验收。任何单位和个人都不得越权审批项目，也不得降低标准批准项目。按照规定，需要报国务院审批的项目，必须报国务院审批；需要报国家发改委审批的项目，必须报国家发改委审批。对前期工作达不到深度要求的项目，一律不予审批。

按照国家有关规定，市级基本建设项目的立项、可行性研究、初步设计、开工建设、

竣工验收等审批管理职能，由市发改委统一管理。基本建设项目的项目建议书、可行性研究报告、初步设计等，均由项目建设单位委托有资质的单位按国家规定深度编制和上报，开工报告、竣工验收报告等由项目建设单位负责编写上报。市环保、消防、规划、供电、供水、防汛、人防、劳动、电信、防疫、金融等各有关部门和单位按各自的管理职能参与项目各程序的工作，并从行业的角度提出审查意见，但不具备对项目审批的综合职能。市发改委在审批项目时应充分尊重和听取有关管理部门的审查意见。

现将国家规定的基本建设五道程序流程及内容、审批权限分述如下：

（一）立项

项目建议书是对拟建项目的一个轮廓设想，主要作用是说明项目建设的必要性、条件的可行性和获利的可能性。对项目建议书的审批即为立项。根据国民经济中长期发展规划和产业政策，由审批部门确定是否立项，并据此开展可行性研究工作。

1. 项目建议书主要内容

（1）建设项目提出的必要性和依据。

（2）产品方案、拟建规模和建设地点的初步设想。

（3）资源情况、建设条件、协作关系等方面的初步分析。

（4）投资估算和资金筹措的设想。

（5）经济效益和社会效益的初步估计。

2. 立项审批部门和权限

（1）大中型基本建设项目，由市发改委报省发改委转报国家发改委审批立项。

（2）总投资 3000 万元以上的非大中型及一般地方项目，须国家、市投资，银行贷款和市平衡外部条件的项目，由市发改委审批立项。

（3）总投资 3000 万元以下、符合产业政策和行业发展规划的、能自筹资金、能自行平衡外部条件的项目，由区县发改委或企业自行立项，报市发改委备案。

（二）可行性研究

可行性研究的主要作用是对项目在技术上是否可行和经济上是否合理进行科学的分析、研究。在评估论证的基础上，由审批部门对项目进行审批。经批准的可行性研究报告是进行初步设计的依据。

1. 可行性研究报告的内容

因项目性质不尽相同，可行性研究报告一般应包括以下内容：

（1）项目的背景和依据。

（2）建设规模、产品方案、市场预测和确定依据。

（3）技术工艺、主要设备和建设标准。

（4）资源、原料、动力、运输、供水等配套条件。

（5）建设地点、厂区布置方案、占地面积。

（6）项目设计方案及其协作配套条件。

（7）环保、规划、抗震、防洪等方面的要求和措施。

（8）建设工期和实施进度。

（9）投资估算和资金筹措方案。

（10）经济评价和社会效益分析。

（11）研究并提出项目法人的组建方案。

2. 可行性研究报告审批部门和权限

（1）大中型基本建设项目，由市发改委报省发改委转报国家发改委审批。

（2）市发改委立项的项目由市发改委审批。

（3）区县和企业自行立项的项目由区县和企业审批。

（三）初步设计审批

初步设计的主要作用是根据批准的可行性研究报告和必要准确的设计基础资料，对设计对象进行通盘研究、概略计算和总体安排，目的是阐明在指定的地点、时间和投资内，拟建工程技术上的可能性和经济上的合理性。初步设计由市发改委负责审批或上报国家。环保、消防、规划、供电、供水、防汛、人防、劳动、电信、卫生防疫、金融等有关部门按各自管理职能参与项目初步设计审查，从专业角度提出审查意见。初步设计一经批准，项目即进入实质性阶段，可以开展工程施工图设计和开工前的各项准备工作。

1. 初步设计内容

各类项目的初步设计内容不尽相同，大体如下：

（1）设计依据和指导思想。

（2）建设地址、占地面积、自然和地质条件。

（3）建设规模及产品方案、标准。

（4）资源、原料、动力、运输、供水等用量和来源。

（5）工艺流程、主要设备选型及配置。

（6）总图运输、交通组织设计。

（7）主要建筑物的建筑、结构设计。

（8）公用工程、辅助工程设计。

（9）环境保护及“三废”治理。

（10）消防。

（11）工业卫生及职业安全。

（12）抗震和人防措施。

（13）生产组织和劳动定员。

（14）施工组织及建设工期。

（15）总概算和技术经济指标。

2. 初步设计审批部门和权限

（1）大中型基本建设项目，由市发改委报省发改委转报国家发改委审批。

（2）市发改委立项的项目由市发改委审批初步设计。

（3）区县和企业自行立项的项目由区县和企业审批。

（四）开工审批

建设项目具备开工条件后，可以申报开工，经批准后开工建设，即进入建设实施阶段。项目新开工的时间是指建设项目中任何一项永久性工程第一次破土开槽开始施工的日期。无须开槽的工程，以建筑物的正式打桩作为正式开工标志。招标投标只是项目开工建设前必须完成的一项具体工作，而不是基本建设程序的一个阶段。

1. 项目开工必须具备的条件

（1）项目法人已确定。

（2）初步设计及总概算已经批准。

（3）项目建设资金（含资本金）已经落实并经审计部门认可。

（4）主体施工单位已经招标选定。

（5）主体工程施工图纸至少可满足连续三个月施工的需要。

（6）施工场地实现“四通一平”（供电、供水、道路、通信、场地平整）。

（7）施工监理单位已经招标选定。

2. 开工审批部门和权限

（1）大中型基本建设项目，由市发改委报省发改委转报国家发改委审批；特大项目由国家发改委报国务院审批。

（2）1000万元以上的项目由市发改委经报请市人民政府签审后批准开工。

（3）1000万元以下市管项目，由市发改委批准开工。

（4）1000万元以下区管项目，由区审批。

（5）1000万元以上的区管项目，报市发改委按程序审批。

（五）项目竣工验收

项目竣工验收是对建设工程办理检验、交接和交付使用的一系列活动，是建设程序的最后一环，是全面考核基本建设成果、检验设计和施工质量的重要阶段。在各专业主管部门单项工程验收合格的基础上，实施项目竣工验收，保证项目按设计要求投入使用，并办理移交固定资产手续。竣工验收要根据工程规模大小、复杂程度组成验收委员会或验收组。验收委员会或验收组应由计划、审计、质监、环保、劳动、统计、消防、档案及其他有关部门组成，建设单位、主管单位、施工单位、勘察设计单位必须参加验收工作。

1. 项目竣工验收必须具备的条件

（1）建设项目已按批准的设计内容建完，能满足使用要求。

（2）主要工艺设备经联动负荷试车合格，形成生产能力，能生产出合格的产品。

（3）工程质量经质监部门评定质量合格。

（4）生产准备工作能适应投产的需要。

（5）环境保护设施、劳动安全卫生设施、消防设施已按设计要求与主体工程同时建成使用。

（6）编好竣工决算，并经审计部门审计。

（7）对所有技术文件材料进行系统整理、立卷，竣工验收后交档案管理部门。

2. 组织竣工验收部门和权限

（1）大中型基本建设项目，由市发改委报国家发改委，由国家组织验收或受国家发改委委托由市发改委组织验收。

（2）地方性建设项目由市发改委或受市发改委委托由项目主管部门、区县组织验收。

二、水利工程建设程序

（一）水利工程建设项目的类型及建设阶段划分

水利工程是国家基础设施。水利是现代农业建设不可或缺的首要条件，是经济社会发展不可替代的基础支撑，是生态环境改善不可分割的保障系统，具有很强的公益性、基础性、战略性。水利工程不仅关系到防洪安全、供水安全、粮食安全，而且关系到经济安

全、生态安全、国家安全。水利工程建设要严格按建设程序进行。

水利工程建设程序一般分为项目建议书、可行性研究报告、施工准备、初步设计、建设实施、生产准备、竣工验收、后评价阶段，各阶段工作实际开展时间可以重叠。一般情况下，项目建议书、可行性研究报告、初步设计称为前期工作。立项过程包括项目建议书和可行性研究报告阶段。根据目前管理现状，项目建议书、可行性研究报告、初步设计由水行政主管部门或项目法人组织编制。

1. 水利工程建设项目按其功能和作用分为公益性、准公益性和经营性三类。

2. 水利工程建设项目按其对社会和国民经济发展的影响分为中央水利基本建设项目（简称中央项目）和地方水利基本建设项目（简称地方项目）。

3. 水利基本建设项目根据其建设规模和投资额分为大中型项目和小型项目。

4. 水利工程建设项目实行统一管理、分级管理和目标管理。实行水利部、流域机构和地方水行政主管部门以及项目法人分级、分层次管理的管理体系。具体如下：

（1）水利部是国务院水行政主管部门，对全国水利工程建设实行宏观管理。

（2）流域机构是水利部的派出机构，对其所在流域行使水行政主管部门的职责，负责本流域水利工程建设的行业管理。

（3）省（自治区、直辖市）水利（水电）厅（局）是本地区的水行政主管部门，负责本地区水利工程建设的行业管理。

（4）水利工程项目法人对建设项目的立项、筹资、建设、生产经营、还本付息以及资产保值增值的全过程负责，并承担投资风险。代表项目法人对建设项目进行管理的建设单位是项目建设的直接组织者和实施者，负责按项目的建设规模、投资总额、建设工期、工程质量，实行项目建设的全过程管理，对国家或投资各方负责。

5. 水利工程建设程序中各阶段的工作要求

（1）项目建议书阶段

项目建议书应根据国民经济和社会发展规划、流域综合规划、区域综合规划、专业规划，按照国家产业政策和国家有关投资建设方针进行编制，是对拟进行建设项目提出的初步说明，解决项目建设的必要性问题。

项目建议书应按照《水利水电工程项目建议书编制规程》编制。

项目建议书编制一般委托有相应资格的工程咨询或设计单位承担。

（2）可行性研究报告阶段

根据批准的项目建议书，可行性研究报告应对项目进行方案比较，对技术上是否可行和经济上是否合理、环境以及社会影响是否可控进行充分的科学分析和论证，解决项目建设技术、经济、环境、社会可行性问题。经过批准的可行性研究报告，是项目决策和进行初步设计的依据。

可行性研究报告编制一般委托有相应资格的工程咨询或设计单位承担。可行性研究报告经批准后，不得随意修改或变更。如在主要内容上有重要变动，应经过原批准机关复审同意。

（3）初步设计阶段

初步设计是根据批准的可行性研究报告和必要而准确的勘察设计资料，对设计对象进行通盘研究，进一步阐明拟建工程在技术上的可行性和经济上的合理性，确定项目的各项基本技术参数，编制项目的总概算。其中，概算静态总投资原则上不得突破已批准的可行性研究报告估算的静态总投资。由于工程项目基本条件发生变化，引起工程规模、工程标准、设计方案、工程量的改变，其静态总投资超过可行性研究报告相应估算静态总投资在15%以下时，要对工程变化内容和增加投资提出专题分析报告。超过15%以上（含15%）时，必须重新编制可行性研究报告并按原程序报批。

初步设计报告经批准后，主要内容不得随意修改或变更，并作为项目建设实施的技术文件基础。在工程项目建设标准和概算投资范围内，依据批准的初步设计原则，一般非重大设计变更、生产性子项目之间的调整，由主管部门批准。在主要内容上有重要变动或修改（包括工程项目设计变更、子项目调整、建设标准调整、概算调整等）时，应按程序上报原批准机关复审同意。

初步设计报告编制应委托有项目相应资格的设计单位承担。

（4）施工准备阶段

施工准备阶段（包括招标设计）是指建设项目的主体工程开工前，必须完成的各项准备工作。其中，招标设计指为施工以及设备材料招标而进行的设计工作。

（5）建设实施阶段

建设实施阶段是指主体工程的建设实施，项目法人按照批准的建设文件，组织工程建设，保证项目建设目标的实现。

（6）生产准备（运行准备）阶段

生产准备（运行准备）指为工程建设项目投入运行前所进行的准备工作，完成生产准备（运行准备）是工程由建设转入生产（运行）的必要条件。项目法人应按照建设为管理创造条件和项目法人责任制的要求，适时做好有关生产准备（运行准备）工作。

（7）竣工验收阶段

竣工验收是工程完成建设目标的标志，是全面考核建设成果、检验设计和工程质量的重要步骤。竣工验收合格的工程建设项目即可从基本建设转入生产（运行）。

（8）后评价阶段

工程建设项目竣工验收后，一般经过1~2年生产（运行）后，对照项目立项及建设相关文件资料，与项目建成后所达到的实际效果进行对比分析，总结经验教训，提出对策建议，称为项目后评价。其主要内容包括：过程评价——前期工作、建设实施、运行管理等；经济评价——财务评价、国民经济评价等；社会影响及移民安置评价——社会影响和移民安置规划实施及效果等；环境影响及水土保持评价——工程影响区主要生态环境、水土流失问题，环境保护、水土保持措施执行情况，环境影响情况等；目标和可持续性评价——项目目标的实现程度及可持续性的评价等；综合评价——对项目实施成功程度的综合评价。项目后评价一般按三个层次组织实施，即项目法人的自我评价、项目行业的评价、主管部门（或主要投资方）的评价。

项目后评价工作必须遵循独立、公正、客观、科学的原则，做到分析合理、评价公正。

（二）施工准备阶段的工作内容

水利工程施工准备阶段的主要工作原根据《水利工程建设程序管理暂行规定》有关要求进行，现按照以下要求进行：

1. 根据水利部《关于调整水利工程建设项目施工准备条件的通知》，施工准备阶段的主要工作有以下内容：

（1）开展征地、拆迁；实施施工用水、用电、通信、进场道路和场地平整等工程。

（2）实施必需的生产、生活临时建筑工程。

（3）实施经批准的应急工程、试验工程等专项工程。

（4）组织招标设计、咨询、设备和物资采购等服务。

（5）组织相关监理招标。

（6）组织主体工程施工招标的准备工作等。

2. 工程建设项目施工，除某些不适应招标的特殊工程项目外（须经水行政主管部门批准），均须实行招标投标。

3. 施工准备工作开始前，项目法人或其代理机构，须依照《水利工程建设项目管理规定》中“管理体制和职责”明确的分级管理权限，向水行政主管部门汇报施工准备工作情况。

“管理体制和职责”明确的分级管理权限是指：水利部是国务院水行政主管部门，对全国水利工程建设实行宏观管理；水利部所属流域机构（长江水利委员会、黄河水利委员会、淮河水利委员会、珠江水利委员会、海河水利委员会、松辽河水利委员会和太湖流域管理局）是水利部的派出机构，对其所在的流域行使水行政主管部门的职责，负责本流域水利工程建设的行业管理；省（自治区、直辖市）水利（水电）厅（局）是本地区的水行政主管部门，负责本地区水利工程建设的行业管理。

4. 根据《水利部关于调整水利工程建设项目施工准备开工条件的通知》，水利工程建设项目应当具备以下条件，项目法人才可开展施工准备，开工建设：

（1）项目可行性研究报告已经批准。

（2）环境影响评价文件等已经批准。

（3）年度投资计划已下达或建设资金已落实。

主体工程施工招标的准备工作，包括研究并确定标段划分、选择招标代理机构、编制招标文件以及招标公告等。

（三）建设实施阶段的工作内容

根据《水利工程建设程序管理暂行规定》，建设实施阶段是指主体工程的建设实施，项目法人按照批准的建设文件，组织工程建设，保证项目建设目标的实现。在建设实施阶段的主要工作包括以下内容：

1. 关于主体工程开工的规定

项目法人（或项目建设责任主体、建设单位、代建机构，下同）必须按审批权限，向主管部门提出主体工程开工申请报告，经批准后，主体工程方能正式开工。

主体工程开工，必须具备以下条件：

（1）项目法人或者建设单位已经设立。

（2）初步设计已经批准，施工详图设计满足主体工程施工需要。

（3）建设资金已经落实。

（4）主体工程施工单位和监理单位已经确定，并分别订立合同。

（5）质量安全监督单位已经确定，并办理了质量安全监督手续。

（6）主要设备和材料已经落实来源。

（7）施工准备和征地移民等工作满足主体工程开工需要。

2. 项目法人应按照批准的建设文件，充分发挥建设管理的主导作用，协调设计、监理、施工以及地方等各方面的关系，实行目标管理。项目法人与设计、监理、施工等单位是合同关系，各方应严格履行合同。具体要求如下：

（1）项目法人要建立严格的现场协调或调度制度，及时研究解决设计、施工的关键技术问题。从工程整体效益以及目标出发，认真履行合同，积极处理好工程建设各方的关系，为施工创造良好的外部建设条件。

（2）监理单位受项目法人的委托，按照合同约定在现场独立负责项目的建设工期、质量、投资的控制和现场施工的组织协调工作。

（3）设计单位应按照合同及时提供施工详图，并确保设计质量。按工程规模，派出设计代表进驻施工现场解决施工中出现的设计问题。

施工详图经监理单位审核后交施工单位施工。设计单位对不涉及重大设计原则问题的合理意见应当采纳并修改设计。若有分歧意见，由项目法人决定。如涉及重大设计变更问题，应由原初步设计批准部门审定。

（4）施工单位要加强施工管理，严格履行签订的施工合同。

3. 要按照“政府监督、项目法人负责、社会监理、企业保证”的要求，建立健全质量管理体系。

水利工程质量由项目法人（建设单位）负全面责任。监理、施工、设计单位按照合同及有关规定对各自承担的工作负责。质量监督机构履行政府部门监督职能，不代替项目法人（建设单位）、监理、设计、施工等单位的质量管理工作。水利工程建设各方均有责任和权利向有关部门和质量监督机构反映工程质量问题。

水利工程项目法人（建设单位）、监理、设计、施工等单位的负责人，对本单位的质量工作负领导责任。各单位在工程现场的项目负责人对本单位在工程现场的质量工作负直接领导责任。各单位的工程技术负责人对质量工作负技术责任。具体工作人员为直接责任人。

4. 根据水利部《水利工程设计变更管理暂行办法》，设计变更须注意以下要求：

（1）设计变更是指自水利工程初步设计批准之日起至工程竣工验收交付使用之日止，对已批准的初步设计所进行的修改活动。

水利工程设计变更应按照《水利工程设计变更管理暂行办法》规定的程序进行审批，其中建设征地和移民安置、水土保持设计、环境保护设计变更须按国家有关规定执行。

（2）水利工程设计变更分为重大设计变更和一般设计变更。重大设计变更是指工程建设过程中，工程的建设规模、设计标准、总体布局、布置方案、主要建筑物结构形式、重要机电金属结构设备、重大技术问题的处理措施、施工组织设计等方面发生变化，对工程的质量、安全、工期、投资、效益产生重大影响的设计变更。其他设计变更为一般设计变更。

（3）以下设计内容发生变化而引起的工程设计变更为重大设计变更：

①工程规模、建筑物等级及设计标准

a. 水库库容、特征水位的变化；引（供）水工程的供水范围、供水量、输水流量、关键节点控制水位的变化；电站或泵站装机容量的变化；灌溉或除涝（治涝）范围与面积的变化；河道及堤防工程治理范围、水位等的变化。

b. 工程等别、主要建筑物级别、抗震设防烈度、洪水标准、除涝（治涝）标准等的变化。

②总体布局、工程布置及主要建筑物

a. 总体布局、主要建设内容、主要建筑物场址、坝线、骨干渠（管）线、堤线的变化。

b. 工程布置、主要建筑物形式的变化。

c. 主要水工建筑物基础处理方案、消能防冲方案的变化。

d. 主要水工建筑物边坡处理方案、地下洞室支护形式或布置方案的变化。

e. 除险加固或改（扩）建工程主要技术方案的变化。

③机电及金属结构

a. 大型泵站工程或以发电任务为主工程的电厂主要水力机械设备形式和数量的变化。

b. 大型泵站工程或以发电任务为主工程的接入电力系统方式、电气主接线和输配电方式及设备形式的变化。

c. 主要金属结构设备及布置方案的变化。

④施工组织设计

a. 主要料场场地的变化。

b. 水利枢纽工程的施工导流方式、导流建筑物方案的变化。

c. 主要建筑物施工方案和工程总进度的变化。

（4）对工程质量、安全、工期、投资、效益影响较小的局部工程设计方案、建筑物结构形式、设备形式、工程内容和工程量等方面的变化为一般设计变更。水利枢纽工程中次要建筑物基础处理方案变化，布置及结构形式变化，施工方案变化，附属建设内容变化，一般机电设备及金属结构设计变化，以及堤防和河道治理工程的局部线路、灌区和引调水工程中非骨干工程的局部线路调整或者局部基础处理方案变化，次要建筑物布置及结构形式变化，施工组织设计变化，中小型泵站、水闸机电及金属结构设计变化等，可视为一般设计变更。

（5）涉及工程开发任务变化和工程规模、设计标准、总体布局等方面较大变化的设计变更，应当征得原可行性研究报告批复部门的同意。

（6）项目法人、施工单位、监理单位不得修改建设工程勘察、设计文件。根据建设过程中出现的问题，施工单位、监理单位及项目法人等单位可以提出变更设计建议。项目法人应当对变更设计建议及理由进行评估，必要时，可以组织勘察设计单位、施工单位、监理单位及有关专家对变更设计建议进行技术、经济论证。

（7）工程勘察、设计文件的变更，应当委托原勘察、设计单位进行。经原勘察、设计单位书面同意，项目法人也可以委托其他具有相应资质的勘察、设计单位进行修改。修改单位对修改的勘察、设计文件承担相应责任。

（8）重大设计变更文件编制的设计深度应当满足初步设计阶段技术标准的要求，有条件的可按施工图设计阶段的设计深度进行编制。

（9）工程设计变更审批采取分级管理制度。重大设计变更文件，由项目法人按原报审程序报原初步设计审批部门审批。一般设计变更由项目法人组织审查确认后，并报项目主管部门核备，必要时报项目主管部门审批。设计变更文件批准后由项目法人负责组织实施。

（10）特殊情况重大设计变更的按以下程序处理：

①对需要进行紧急抢险的工程设计变更，项目法人可先组织进行紧急抢险处理，同时通报项目主管部门，并按照本办法办理设计变更审批手续，并附相关的影像资料说明紧急抢险的情形。

②若工程在施工过程中不能停工，或不继续施工会造成安全事故或重大质量事故的，经项目法人、监理单位、设计单位同意并签字认可后即可施工，但项目法人应将相关情况在五个工作日内报告项目主管部门备案，同时按照本办法办理设计变更审批手续。

第二章　水利水电工程建设内容

第一节　施工导流与截流

一、水利水电工程施工导流技术

（一）水利水电工程施工导流技术及其特点

所谓施工导流也就是在水利水电工程施工的过程中，为了能够使江河水流绕过需要施工的区域流向下游而采用的一种导向水流的技术，这种方法有利于为建筑施工提供一个相对干燥的环境，保证快速而有效地进行施工。施工导流技术就是为了控制以及引导水流而采取的技术方式，一般包括导流建筑物修建、截流、基坑排水、工程施工、导流建筑物封堵、下闸蓄水等阶段。施工导流技术是水利水电工程施工中重要的组成部分，它与工程设计方案、施工时间长短以及施工质量等有着密切关系。所以，在工程施工过程中，必须根据工程实际情况以及项目特点进行施工导流设计，从而保证工程施工的质量。

（二）水利水电工程施工导流方式及确定原则

1. 施工导流方式

水利水电工程施工导流通常划分为束窄河床分段分期围堰导流和一次拦断河床的全段堰导流两种方式，与之配合的施工临时建筑包括导流明渠、隧洞、涵洞（管）以及施工过程中利用坝体预留缺口、水库放空底孔和不同泄水建筑物的组合导流等。

2. 施工导流方式确定原则

（1）适应河流水文特性和地形、地质条件。

（2）工程施工期短，发挥工程效益快。

（3）工程施工安全、灵活、方便。

（4）结合、利用永久建筑物，减少导流工程量和投资。

（5）适应通航、排冰、供水等要求。

（6）技术可行、经济合理。

（7）河道截流、围堰挡水、坝体度汛、导流孔洞封堵、水库蓄水和发电供水等在施工期各个环节能合理衔接。

（三）水利水电工程施工导流的影响因素

1. 地形地貌因素

在选取导流计划、编制导流方案时，被保护的施工区域附近的地理环境、工程地质条件是关键的影响要素。假如江河河床较宽，并且建筑时间有船只需要航行，就要采用分段围堰方式实施导流，可以充分利用河床沙洲或石岛做好分段围堰布置，能形成竖直方向围堰则更加便利；当遇到山石坚硬、河流较窄且两侧陡峻的山形，就适合采用一次拦断河床的隧洞导流方式；假如江河一侧岸边或两边都较平整或具备低矮的山坳、垭口等，则选择明渠导流方式。

2. 水文因素

河流的水文特性，在很大程度上影响着导流方式的选择。针对导流计划来讲，水文因素是对其形成直接作用的最关键要素之一，包含严寒季节冰冻和流冰状态、泥沙段、枯水期时间长短、水位改变幅度和流量过程线等。一般状况下，假如河流河床较宽，适宜选择的导流计划是分段围堰方式，水位起伏较大、洪峰历时短而峰形尖瘦的河流有可能使用汛期基坑淹没方式，这两种方式都可以使河流洪峰期的水能够及时排放。含沙量很大的河流，一般不允许淹没基坑。假如江河的干涸时间较长，就应该尽可能利用干涸时间进行施工，确保工程建筑物施工质量及进度。假如江河具有流冰情况，就要重视对流冰排放情况的处置，选择明流导流为好，束窄河床和明渠有利于排冰，隧洞、涵管和底孔不利于排冰，重点在于防止流冰阻塞、泄流不畅。

3. 枢纽类型及布置

水利水电工程项目中水工构筑物的布置及其形式与导流计划拟订直接相关，在决定建筑结构形式及工程布置方案时，就要把导流方式及相应计划安排一并考虑进去，包含水工构筑物的长期泄水设施，如渠道、隧洞、涵管以及泄水孔等。如混凝土大坝是使用分段围堰方式开展进行浇筑，就要把先行施工的坝段、取泄水设施或水电站等之间的隔离墙体当作竖直方向围堰中的组成结构，从而减少施工导流方案投资。

分期导流方式适用于混凝土坝施工。因土石坝不宜分段修建，且坝体一般不允许过水，故土石坝施工几乎不采用分期导流，而多采用一次拦断法。高水头水利枢纽的后期导流常须多种导流方式的组合，导流程序比较复杂。例如，峡谷处的混凝土坝，前期导流可用隧洞，但后期（完建期）导流往往利用布置在坝体不同高程上的泄水孔。高水头土石坝的前后期导流，一般是在两岸不同高程上布置多层导流隧洞。如果枢纽中有永久性泄水建筑物，如隧洞、涵管、底孔、引水渠、泄水闸等，应尽量加以利用。

4. 河流综合利用要求

分期导流和明渠导流较易满足通航、过木、排冰、过鱼、供水等要求。采用分期导流方式时，为了满足通航要求，有些河流分为多期束窄。我国某些峡谷地区的工程，原设计为隧洞导流，但为了满足过木要求，把隧洞导流变更为明渠导流。这样一来，不仅可能遇到高边坡深挖方问题，而且导流程序复杂，工期也大大延长了。由此可见，在选择导流方式时，必须解决好河流综合利用要求的问题。

（四）水利水电工程施工导流技术应用要求

水利水电工程施工导流技术的应用是工程顺利实施的重要环节，直接影响着被保护建筑设施的修建质量。所以，在工程进行施工准备的过程中，就要把工程的工期、成本以及相关的影响因素考虑在内。为了更好地提高工程的建设质量，一方面要对工程进行细致的分析，另一方面也要对施工的技术加以严格控制。

由于每个水利水电工程项目所处的自然地理环境、水文气象、地形地质、交通运输等方面的条件各有差异，以致施工导流方式千差万别，无固定模式，仅限于历史经验推广应用，比如我国水利水电工程施工长期以来大多沿袭了都江堰水利枢纽工程传统的施工导流方式。

从实际情况来看，导流方案的科学制定也确实发挥着越来越重要的作用，对工程施工的整体推进和保证工程质量方面都有着重要的意义。施工过程中，导流施工方案编制要严格地按照相关规程规范来进行，同时满足水利工程建设的基本要求，即技术可行、经济合理。从此角度考虑，应尽可能避免采用全年洪水导流方案，对一个枯水期能将永久建筑物（或临时挡水断面）修筑至坝体度汛标准的汛期洪水位以上，或汛期虽淹没基坑但对工程进度影响较小且淹没损失不大的，适宜采用枯水期围堰挡水导流方式。

另外需要注意的是：导流技术不仅要进行合理的规划，也要以工程的整体标准为前提，才能更好地达到其应有的效果。

（五）主要施工导流建筑物的适用条件

1. 导流明渠

明渠导流是在河岸或滩地上开挖渠道，在基坑上下游修筑围堰，江河水流经渠道下

泄。它用于岸坡平缓或有宽广滩地的平原河道上。如果当地河流附近有老河道也可充分利用老河道进行明渠导流，不仅可以减少施工作业量，也能降低工程成本。

明渠导流的布置主要包括明渠进出口位置、明渠导流轴线的布置和高程确定。渠身轴线要伸出上下游围堰外坡脚，水平距离要满足防冲要求，一般为50~100m；明渠导流轴线应在较宽台地、垭口或古河道的沿岸布置；明渠轴线布置应当尽可能缩短明渠长度，也要尽量避免深挖；明渠进出口应与上下游水流相衔接，与河道主流的交角以不超过30°为宜；明渠的转弯半径为保证水流畅通，应不小于5倍渠底宽度。

2. 导流围堰

应根据被保护对象形式、泄水建筑物的具体情况、导流时段及河道水流流态、河谷地形及地质条件等，确定围堰的布置方案、围堰形式等。如根据围堰是否允许过水，则围堰可采用过水围堰或不过水围堰；如河床和河槽较窄，河流水量相对较大，则可采用一次拦断河床的横向围堰布置方式，相应泄水建筑物可以采用明渠、隧洞、涵洞（管）；如河床和河槽宽缓、岸坡平坦，工期较长，则可采用束窄河床、分段导流的纵向围堰布置方式，可以充分利用已施工的水工建筑物结合围堰将河流拦截成多段，逐段分期实施，最终完成整个工程。

当采用分期围堰导流方式时，一期围堰位置应在分析水工枢纽布置，纵向围堰所处地形、地质和水力学条件，施工场地及进入基坑的交通道路等因素之后确定。发电、通航、排冰、排沙及后期导流用的永久建筑物宜在一期施工。

3. 导流隧洞

山区河流，一般两岸地形陡峻、河谷狭窄、山岩坚实，较为普遍的是采用隧洞导流，其适用条件为：导流量不大，坝址河床比较狭窄，两岸地形比较陡峭，沿岸或两岸地形、地质条件良好。但由于隧洞造价较高，泄水能力有限，一般在汛期泄水时均采用淹没基坑方案或利用水工建筑物的预留缺口、放空底孔过流等。导流隧洞设计时，应尽量与永久隧洞相结合，以节省工程投资。当导流隧洞的使用经过不同导流分期时，应根据控制阶段的洪水标准进行设计。导流隧洞断面尺寸和数量视河流水文特性、岩石完整情况以及围堰运行条件等因素确定。

4. 导流涵洞（管）

涵洞（管）是指在水利工程引水系统通过已建工程设施，为了避免对已建工程的影响，兼顾保护已建工程和在建工程施工的一种设施。具体到水利水电工程中的导流涵洞（管），通常会在分期导流中采用该种导流方式，适用于中小型水利水电工程建设。从地形地质条件方面来说，涵洞（管）导流施工工作面相对隧洞导流较宽，对工程地质条件要求不高，且具有施工灵活、施工速度较快、成本较低等优点，因而在施工导流方式选择上采用频率较高。

（六）提高水利水电工程施工导流技术的策略

1. 注重水利人才的培养

人才是科技创新的根本，因此，在吹响技术创新号角的同时，须大力进行水利人才的培养。现阶段的水利施工队伍中缺乏新生力量，而原有的骨干施工技术人员缺乏创新能力，所以既要注重创新人才的引进与培养，又要团结骨干技术人员；既要发挥引进人才的技术创新能力，又要汲取技术骨干在实际水利工程的施工经验，两者有机结合，以老带新，共同促进水利施工导流技术的革新。

2. 施工进度计划

水利水电工程项目的差异性决定了施工导流方式各有千秋。根据施工导流方案的不同，所制订的施工进度计划也应各不相同，或许还要根据施工进度计划，调整施工导流方案。首先，要对施工进度中的开工、拦洪、截流、下闸蓄水、封孔、首台发电机组发电等时间控制节点以及其他工程的受益时间等进行深入的分析研究，只要合理掌握这些时间控制节点，就能根据实际情况制订出最为恰当的控制性施工进度计划。其次，以各单项工程与控制性施工进度计划为依据，对工程整体的总进度计划进行编制或调整，并对完建时间与受益时间进行论证，科学合理地进行施工导流及工程度汛安排。

3. 完善企业管理机制

水利科学技术的创新，直接影响企业的效益，只有不断完善管理机制，才能为水利技术的创新保驾护航。现阶段我国大多数水利企业内部机制不完善，缺乏行之有效的施工工程质量监管体系，缺乏工程施工经验的积累。在市场经济环境下，水利施工企业面临巨大的市场压力，只有积极推进水务体制改革、水利管理体制改革、水利投融资体制改革，才能不断提高水利施工技术水平，提高工程施工质量，增强市场竞争力。

二、水利水电工程截流技术

截流工程是指在导流泄水建筑物接近完工时，即以进占方式自两岸或一岸建筑戗堤（作为围堰的一部分）形成龙口，并将龙口防护起来，待泄水建筑物完工以后，在有利时机，以最短的时间将龙口堵住，截断河流。下面就截流施工技术展开论述。

（一）截流的方式

从目前的施工技术情况来看，截流的基本方式有两种，即立堵法截流和平堵法截流。

1. 立堵法截流

所谓立堵法截流就是把截流材料从龙口一端，或者两端向中间抛投进占，实现逐渐束窄河床、最终全部拦断的目的。

一般而言，立堵法截流无须架设浮桥，具有准备工作比较简单、造价较低的特点。但其缺点是在截流时，水力条件是不利的，龙口单宽流量很大，出现的流速也比较大，而且水流绕截流戗堤端部，也会产生强烈的立轴漩涡，这就会在水流分离线附近形成紊流，其结果是河床被冲刷，同时，由于其流速分布不均匀，所以需要抛投单个质量较大的截流材料。截流因为工作前线狭窄，其抛投强度会受到很大的限制。

立堵法截流适用于大流量、岩基或覆盖层较薄的岩基河床，如果遇到软基河床，那就需要根据实际情况采用护底措施后才能运用。

2. 平堵法截流

平堵法截流就是沿整个龙口宽度全线抛投，抛投料堆筑体全面上升，直到露出水面。一般而言，这种方法的龙口是部分河宽，也可能是全河宽。合龙前应该在龙口架设浮桥，因为其是沿龙口全宽均匀地抛投。平堵法截流具有单宽流量较小、出现的流速也较小、需要的单个材料的重量较轻、抛投强度较大、施工速度快的优点，但其缺点是妨碍通航。这种方法在软基河床、河流架桥方便且对通航影响不大的河流上使用比较合适。

3. 综合方式截流

（1）立平堵截流

为了降低架桥的费用，同时充分发挥平堵水力学条件较好的优点，部分工程采用先立堵、后在栈桥上平堵的方式。比如，多瑙河上的铁门工程就是对各种方案进行比较之后，最后采取立平堵方式的，其主要是立堵进占结合管柱栈桥平堵。

（2）平立堵截流

如果是软基河床，单纯采用立堵很容易造成河床冲刷，一般来说，会先采用平抛护底，再立堵合龙，而平抛一般是利用驳船进行。比如说丹江口、青铜峡、大化及葛洲坝等工程，都是采用的这种方法，而且都取得了较为满意的效果。因为其护底均为局部性，所以这类工程本质上同属立堵法截流。

（二）截流施工的设计流量

1. 截流时间的确定

枢纽工程施工控制性进度计划或总进度计划，是截流时间的确定因素。至于时段选择，通常需要考虑以下原则，在进行全面分析比较后再确定。

（1）尽量在流量较小时截流，但是需要注意的是，必须全面考虑河道水文特性和截流应完成的各项控制工程量，充分合理地使用枯水期。

（2）对于具有灌溉、供水、通航、过木等特殊要求的河道，就必须全面兼顾这些要求，尽可能地减少截流对河道综合利用的影响。

（3）有冰冻的河流，通常不在流冰期截流，这样才能避免截流和闭气工作复杂化。当然，如果有特殊情况需要在流冰期截流时，就需要成立相关的技术小组进行充分论证，同时还需要有周密的安全措施。

根据以上论述，截流时间必须按照气候条件、河流水文特征、围堰施工及通航、过木等因素综合分析确定。一般情况是在枯水期初进行，在流量已有显著下降的时候，严寒地区应该尽可能地避开河道流冰及封冻期。

2. 截流设计水流和流量确定

设计流量是指一定的截流时间内通过制定断面水流总量。需要根据施工现场的水文环境和设计流程等特点。正常情况下，可以根据水文气象预测校正方法重现年或确定的设计流量，一般可按 5~10 年、一个月或年平均流量的截流期作为依据，也可以用其他分析方法确定。一般的设计流程是由频率方法确定，根据已选定的封闭期，由时间频率确定设计流程，按照规定，除了频率方法选定截流设计标准，还有其他方法确定。如测量数据分析法，对水文资料系列较长，水文特性比较稳定的，可以用该方法。对于预测期短，一般不会最初应用，但据预测流动特性设计可能在前夕关闭。一些重大的施工截流设计，一般会选择一个流程，然后分析较大和较小流程发生频率，研究闭包计算和几个流模型试验。

3. 龙口位置与宽度

龙口设在截流戗堤的轴线上，戗堤轴线是依据对两岸与河床的地形、地质，水运状况等各方面因素和相关数据的分析，再综合各方面的考虑之后而得出。戗堤轴线一经确定则表示龙口位置也就决定了。在通常情况下，龙口位置应建设得较宽阔，以便大量施工材料能够储存其中，同时还能够方便众多来往车辆的运输，继而满足交通的便利需求。在选择地质的时候，应满足覆盖层较薄的龙口位置需求，且具备天然保护设施，从而进一步降低水流对其的冲击，提高其使用寿命。就水利条件方面而言，应将龙口的位置设在正对主流，以便大量洪水泄流，促使工程安全性能够得以全面提高。在对龙口的宽度进行确定的时候要充分考虑戗堤束窄河床后所形成的水力条件、两侧裹头部位的冲刷影响以及截流期通航河流在安全上的具体要求。

（三）水利工程控制截流施工难度

1. **加大分流量，改善分流条件**

确定合理导流结构截面尺寸，作为断面标高形式；注意下游引航道开挖爆破和下游围堰结构是提升截流的关键环节。工程实践证明，由于水下开挖困难，往往使上游和下游引航道规模不够，或回水影响剩余围堰，截流落差大大增加，增加了工作难度；在永久溢洪道尺寸不足时，可以专门修建河闸或其他类型的泄洪分流建筑物。门挡水闸完全关闭后，完成截流工作。

2. **转变龙口水力条件**

在截流施工过程中，水文落差在 3.0m 以内，一般不会出现较差现象，不过当落差达 4.0m 以上时用单戗堤截流，一般都是因为流量比较少才得以完成的。当截流量比较大的时候，采用单戗堤截流的困难大大增加，这个时候多数工程采用双戗堤、三戗堤或宽戗堤来分散落差，并以此来完成截流任务。

3. **增大投抛料的稳定性，减少块料流失**

这种情况一般采用葡萄串石、大型构架和异型人式投抛体。也可以采用投抛钢构架、比重大的矿石等，并以这些为骨料进行稳定，还可以在龙口下游、平行于戗堤轴线设置一排拦石坎防止块料的流失，以达到抛料的稳定。

（四）截流施工中材料的使用

在具体的施工过程中，如果截流水文条件相对较差，可以使用钢筋混凝土四面体构造，这种构造很容易产生良好的施工效果。抛石材料的选择一般应具有以下特征：第一，铸造材料要有一定的能力，比较容易起重运输建设；第二，应根据运输条件选择抛填截留量，对可能发生的损失和其他水文情况、地质等因素，相应增加一定的抛投量。

第二节　土石坝施工

一、土石坝的概述

（一）土石坝的定义

土石坝主要是指要利用当地的土料和石料，或者是混合料，在经过相应的碾压处理之后所建设成的具有挡水和截水作用的大坝。如果采用的施工材料是土和沙砾，这种大坝就被人们称作土坝；如果所选用的材料是石碴或者是乱石，这种大坝被人们称为石坝。如果按照坝高对土石坝进行分类，通常可以分成高坝、中坝和低坝三种。土石坝的施工方式也有很多种，最常使用的就是碾压式。土石坝在水利工程的建设中之所以能够得以广泛的应用，是因为其显著的优点。而且这种大坝的结构也相对比较简单，在施工的过程中，它对施工地点的地质要求并不是很高，也无须采用很先进的技术，施工的速度也比较快，不用担心会出现延期的情况。

（二）水利水电工程中采用土石坝的优缺点

1. 土石坝的优点

首先，土石坝施工时所需要的原料是土料或者石料，这些材料在施工地点的市场就可以购买到，这样就可以减少施工中对钢材和水泥等材料的使用，在节约能源的基础上也更好地保证材料在进场时能够满足施工的要求，同时也无须从远距离的地点运输到施工现场，这样就能够有效地节约在运输过程中所消耗的费用。其次，土石坝是一种松散的颗粒结构，在建设过程中能够有效控制所产生的结构变形，所以选择土坝坝基形式时就可以放宽对地质的限制。再次，土石坝结构和其他的结构相比，形式不是特别复杂，因此，如果工程要进行维护或者是扩建，就没有烦琐的工序。最后，这种结构在施工当中，流程本身也不是很多，所以施工简单，可操作性也比较强。

2. 土石坝的缺点

土石坝本身也会有很多的缺陷。首先，在施工的过程中比较容易受到天气变化的影响，如果在施工的过程中遇到了不好的天气或者是连雨天，为了保证施工的质量，就必须暂停施工，在天气转好之后，才能继续施工，这样就会在一定程度上增加工程的建设成本。其次，土石坝这种结构自身不能够实现溢流，所以在施工的过程中必须导流隧洞将多余的水排出，这样就会给施工造成一定的麻烦。再次，这种坝体结构自身并没有泄洪的功能，所以还需要另外建设有泄洪功能的建筑设施。最后，这种坝体结构在运行的过程中也会显现出很多自身的特点，所以在实际的施工中经常会出现沉降量不均匀的现象。

二、土石坝的施工技术

（一）料场规划

料场的规划和使用不仅关系到土石坝的建造工期和质量，而且可能对周围的农林产业

造成影响，因此，是土石坝施工中需要格外注意的技术要点之一。必须通过充分的实地勘察对各种料场都有了很好的总体规划之后，做出开采计划，使各种用料都能够有规划地得到开采和利用，以充足供应坝体施工。

另外，所选用料的质量必须满足坝体的使用要求，应该充分考虑用料的含水量等因素，比如含水量高的材料旱季用，而含水量低的材料则在雨季使用。尽可能选择储量集中而且丰富的、距离施工地点近的地方进行开采，这样就避免了开采所用机械的转移，降低了建筑用料开采和运输的成本。此外，还应该考虑环保的因素，渣料应该尽量做到无污染，取料时应该尽量避免占用农田和山林。总而言之，取料时应该综合考虑多种因素，不断优化取料规划，若在施工过程中出现不当的情况则要实时进行合理调整，取得最优的经济和安全效果。

（二）土石料的开采与加工

料场开采前的准备工作：划定料场范围；分期分区清理覆盖层；设置排水系统；修建施工道路；修建辅助设施。

1. 土料的开采

土料开采的方法一般有立面开采和平面开采两种。立面开采方法适用于土层较厚、天然含水量接近填筑含水量、土料层次较多、各层土质差异较大的情况；平面开采方法适用于土层较薄，土料层次少且相对均质、天然含水量偏高须翻晒减水的情况。规划中应将料场划分成数区，进行流水作业。

2. 土料的加工

调整土料含水量。降低土料含水量的方法有挖装运卸中的自然蒸发、翻晒、掺料、烘烤等。提高土料含水量的方法有在料场加水，料堆加水，在开挖、装料、运输过程中加水。土料掺办法有如下几种：

（1）水平互层铺料——立面（斜面）开采掺和法。

（2）土料场水平单层铺放掺料——立面开采掺和法。

（3）在填筑面堆放掺和法。

（4）漏斗一式输送机掺和法。

实践中，第（1）和（4）的方法采用较多。

超径料处理。砾质土中超径石含量不多时，常用装耙的推土机先在料场中初步清除，然后在坝体填筑面上进行填筑平整时再做进一步清除；当超径石的含量较多时，可用料斗加设篦条筛（格筛）或其他简单筛分装置加以筛除，还可采用从高坡下料，形成粗细分离的方法清除粗粒径。粗粒径较大的过渡料宜直接采用控制爆破技术开采，对于较细的、质量要求高的反滤料、垫层料则可用破碎、筛分、掺和工艺加工。

3. 沙砾石料和堆石料开采

沙砾石料开采主要有陆上开采、水下开采。陆上开采采用一般挖运设备即可。水下开采采用采砂船和索铲开采。当水下开采沙砾石料含水量高时，须加以堆放排水。开采结合建筑物开挖或由石料场开采，开采的布置要形成多工作面流水作业方式。开采方法一般采用深孔梯段爆破，特定目的使用洞室爆破。

4. 超径处理

超径块石料的处理方法主要有浅孔爆破法和机械破碎法两种。浅孔爆破法是指采用手持式风动凿岩机对超径块石进行钻孔爆破。机械破碎法是指采用风动和振冲破石、锤破碎超径块石，也可利用吊车起吊重锤，利用重锤自由下落破碎超径块石。

（三）土石料开挖运输方案

坝料的开挖与运输，是保证上坝强度的重要环节之一。开挖运输方案主要根据坝体结构布置特点、坝料性质、填筑强度、料场特性、运距远近、可供选择的机械设备型号等多种因素，综合分析比较确定。土石坝施工设备的选型对坝的施工进度、施工质量以及经济效益有着重大影响。

1. 设备选型的基本原则

（1）所选机械的技术性能能适应工作的要求、施工对象的性质和施工场地特征，保证施工质量，能充分发挥机械效率，生产能力满足整个施工过程的要求。

（2）所选施工机械应技术先进，生产效率高，操作灵活，机动性好，安全可靠，结构简单，易于检修保养。

（3）类型比较单一，通用性好。

（4）工艺流程中各供需所用机械应成龙配套，各类设备应能充分发挥效率，特别应注意充分发挥主导机械的效率。

（5）设备购置费和运行费用较低，易于获得零配件，便于维修、保养、管理和调度，经济效果好。对于关键的、数量少且不能替代的设备，应使用新购置的，以保证施工质量，避免在一条龙生产中卡壳，影响进度。

2. 土石坝施工中开挖运输方案

（1）正向铲开挖，自卸汽车运输上坝。正向铲开挖、装载，自卸汽车运输直接上坝，通常运距小于 10km，自卸汽车可运各种坝料，运输能力高，设备通用，能直接铺料，机

动灵活，转弯半径小，爬坡能力较强，管理方便，设备易于获得。在施工布置上，正向铲一般都采用立面开挖，汽车运输道路可布置成循环路线，装料时停在挖掘机一侧的同一平面上，即汽车鱼贯式地装料与行驶。

（2）正向铲开挖、胶带机运输。国内外水利水电工程施工中，广泛采用了胶带机运输土、砂石料。胶带机的爬坡能力强，架设简易，运输费用较低，与自卸汽车相比，可降低运输费用1/3~1/2，运输能力也较高。胶带机合理运距小于10km，可直接从料场运输上坝；也可与自卸汽车配合，做长距离运输，在坝前经漏斗由汽车转运上坝；与有轨机车配合，用胶带机转运上坝做短距离运输。

（四）将土石料压实

这一道工序在土石坝的施工中是关键的一步，对土石坝的自身稳定有维持作用的土料内部的主力（黏结力和摩擦力）以及防渗性能，都会随着土料的密实程度的增加而有所提高。

1. 土料压实的特性

土料的自身性质，颗粒的组成、级别特点及含水量的大小，还有压实的功能等，这些方面都与土料压实的特性有一定的关系。根据土质的不同，土料的压实也有很大的差别，主要有黏性土和非黏性土两种。一般情况下，黏性土有较大的黏结力，摩擦力较小，压缩性较大，然而它的透水性太小，排水相对比较困难，压缩的过程比较慢，因此，要达到固结压实的效果比较困难。非黏性土的黏结力较小，但摩擦力较大，压缩性较小，可是其透水性较大，对排水比较有利，压缩的过程较快，很快就可以完成压实。

压实的效果也会受到土料粒径的影响。粒径越小，其空隙就会越大，那么含有水分的矿物质就不容易扩散，压实就比较困难。因此黏性土压实的干表观密度要比非黏性土低。颗粒比较均匀的细沙要比颗粒不均匀的沙砾料所达到的密度低。土料含水量的多少，也会影响到压实的效果。

非黏性土料有较大的透水性，排水相对比较容易，压实的过程比较快，可以很快压实，没有最优含水量问题的存在，不用专门做含水量控制。这一点，也是黏性土和非黏性土之间的根本差别。压实功能的大小，也会影响到压实的效果，压实次数越多，压实效果就越好，含水量就会减少。一般情况下，压实功能的增加可以使压实的效果更好，这种性质，在含水量较低的土料上会有更明显的表现。

2. 进行土石料压实要达到的标准

土石料的压实效果越好，其力学性能的指标也就越高，就越能够保证坝体填筑的质量。但是如果土料压实太过，会导致压实的费用增加，还会破坏剪力。所以，在压实的过程中，要有一定的压实标准，使压实达到最理想的状态。压实的标准要根据坝料的不同性质来确定。

（五）填筑土石坝的坝体

对土石坝的填筑一定要组织严密，要保证每一道工序都可以相互衔接，一般是采用分段流水的方式来进行作业。分段流水作业以施工的工序数目为依据，将坝体分成几段，组织专业的施工队伍，对每一段工程依次施工。这种方法对提高施工队伍的技术水平有很大的帮助，保证施工中每一种资源的充分利用，避免施工中的干扰，对坝面的连续施工比较有利。

1. 卸料和平料

在这一方面，主要是使用自卸汽车来进行卸料，然后再用推土机铺成所要求的厚度。在施工的过程中，铺筑防渗体土料的方向要和坝轴线的方向平行，这样有利于碾压施工。

2. 进行碾压施工的方法

在施工的过程中，要按照一定的次序对坝面进行填筑压实，避免漏压以及超压的情况出现。碾压防渗体土料的方向要和坝轴线的方向平行，不可以在和坝轴线相垂直的方向碾压，避免因局部漏压而造成横穿坝体出现集中渗流带。碾压的机械在行驶过的每一行之间，都要有 20~30cm 的重叠，避免出现漏压。另外，在坝料的分区边界处，也比较容易出现漏压的情况，所以，在碾压的时候，要注意重叠碾压。若使用的碾压机械是羊足碾或者气胎碾，可以使用进退错距或者是转圈套压的方法来进行碾压。

（六）结合部位施工

土石坝施工中，坝体的防渗体土料不可避免地与地基、岸坡、周围其他建筑的边界相结合。由于施工导流、施工方法、分期分段分层填筑等的要求，还必须设置纵横向的接坡、接缝。这些结合部位会影响到坝体的整体性以及质量，因为接坡以及接缝如果过多的话，还会对整个坝体的填筑强度产生影响，尤其是影响到机械化的施工。所以说对于坝体的结合部位的施工，一定要采取合理并且可靠的技术措施，同时还要加强对质量的控制和管理，一定要确保坝体的质量能够符合预先的设计要求。

（七）反滤层的施工

反滤层的填筑方法，大体可分为削坡体、挡板法，以及土、沙松坡接触平起法三类。

土、沙松坡接触平起法能适应机械化施工，填筑强度高，可做到防渗体、反滤料与坝壳料平起填筑，均衡施工，被广泛采用。根据防渗体土料和反滤层填筑的次序、搭接形式的不同，可分为先土后沙法和先沙后土法。

无论是先沙后土法或先土后沙法，土沙之间必然出现犬牙交错的现象。反滤料的设计厚度，不应将犬牙厚度包括在内，不允许过多削弱防渗体的有效断面，反滤料一般不应伸入心墙内，犬牙大小由各种物料的休止角所决定，且犬牙交错带不得大于其每层铺土厚度的 1.5~2 倍。

第三节　隧洞与水闸施工

一、水利水电工程隧洞施工要点

（一）开挖方式

隧洞开挖方式有全断面开挖法和导洞开挖法两种。开挖方式的选择主要取决于隧洞围岩的类别、断面尺寸、机械设备和施工技术水平。合理选择开挖方式，对加快施工进度、节约工程投资、保证施工质量和施工安全意义重大。

1. 全断面开挖法

全断面开挖法是将整个断面一次钻爆开挖成洞，待全洞贯通或待掘进相当距离以后，根据围岩允许暴露的时间和具体施工安排再进行衬砌和支护。这种施工方法适用于围岩坚固完整的场合。全断面开挖，洞内工作面较大，工序作业干扰相对较小，施工组织工作比较容易安排，掘进速度快。全断面开挖可根据隧洞断面面积大小和设备能力采用垂直掌子掘进或台阶掌子掘进。垂直掌子掘进因开挖面直立、作业空间大，当有大型施工机械设备时，作业效率高，施工进度快；台阶掌子掘进是将整个断面分为上下两层，上层超前于下层一定距离掘进，为了方便出渣，上层超前距离不宜超过 2~3.5m，且上下层应同时爆破，通风散烟后，迅速清理上台阶并向下台阶扒渣，在下台阶出渣的同时，上台阶可以进行钻孔作业。由于下台阶爆破是在两个临空面情况下进行的，可以节省炸药；面积较大，但又缺乏钻孔台车等大型施工机械时，可以采用这种开挖方式。

2. 导洞开挖法

导洞开挖法就是在开挖断面上先开挖一个小断面洞（导洞）作为先导，然后再扩大至设计要求的断面尺寸和形状。这种开挖方式，可以利用导洞探明地质情况，解决施工排水问题，导洞贯通后还有利于改善洞内通风条件，扩大断面时导洞可以起到增加临空面的作用，从而提高爆破效果。

根据导洞与扩大部分的开挖次序，有导洞专进和导洞并进两种方法。导洞专进法是将导洞全部贯通后，再进行扩大部分开挖，有利于通风和全面了解地质情况，但洞内施工设施一般要进行二次铺设，费工费事；除地质情况复杂外，一般不采用。导洞并进法是将导洞开挖一段距离（一般为10~15m）后，导洞与断面扩大同时并进。导洞开挖法一般是在工程地质条件恶劣、断面尺寸较大、不利于全断面开挖时才采用的开挖方法。

（1）上导洞开挖法

导洞布置在隧洞的顶部，断面开挖对称进行。这种方法适用于地质条件较差、地下水不多、机械化程度不高的情况。其优点是安全问题比较容易解决，如顶部围岩破碎，开挖后可先行衬砌，从而安全施工；缺点是出渣线路须二次铺设，施工排水不方便，顶拱衬砌和开挖相互干扰，施工速度较慢。

对开马口是将同一衬砌段的左右两个马口同时开挖，随即进行衬砌。为安全起见，每次开挖马口不应过长，一般以4~8m为宜。在地质条件较好、围岩与拱券黏结较牢的条件下，采用对开马口，可以减少施工干扰，避免爆破打坏对面边墙。当围岩较松散破碎时，应采用错开马口方法。即每个衬砌段两个马口的开挖不同时进行，一个马口开挖后立即进行衬砌混凝土浇筑，待其强度达到设计强度的70%时，再开挖和浇筑另一个马口，各段马口的开挖可交叉进行。也有把隧洞顶拱挖得大一些，使顶拱衬砌混凝土直接支承在围岩上，而无须再挖马口。

（2）下导洞开挖法

导洞布置在断面的下部。这种开挖方法适用于围岩稳定、洞线较长、断面不大、地下水比较多的情况。其优点是洞内施工设施只铺设一次，断面扩大时可以利用上部岩石的自重提高爆破效果，清理方便，排水容易，施工速度快；缺点是顶部扩大时钻孔比较困难，石块依自重坠落，岩石形状不易控制，如遇不良地质条件，施工不够安全。

（3）中间导洞开挖法

导洞在断面的中部，导洞开挖后向四周扩大。这种方法适用于围岩坚硬、无须临时支撑且具有柱架式钻机的场合。柱架式钻机可以向四周钻辐射炮眼，断面扩大快，但导洞与扩大部分同时并进，导洞出渣困难。

（4）双导洞开挖法

双导洞开挖又分为两侧导洞法和上下导洞法两种。两侧导洞开挖法是在设计开挖断面的边墙内侧底部分别设置导洞，这种开挖方法适用于围岩松软破碎、地下水严重、断面较

大、须边开挖边衬砌的情况。上下导洞法是在设计开挖断面的顶部和底部分别设置两个导洞，这种方法适用于开挖断面很大、缺少大型设备、地下水较多的情况，其上导洞用于扩大开挖，下导洞用于出渣和排水，上下导洞之间用竖井连通。

导洞一般采用上窄下宽的梯形断面，这样的断面受力条件较好，并且可以利用断面的两个底角布置风、水、电等管线；导洞的断面尺寸应根据开挖、支撑、出渣运输工具的大小和人行道布置的要求确定；在方便施工的前提下，导洞尺寸应尽可能小一些，以便加快施工进度，节省炸药用量；导洞高度一般为 2.2~3.5m，宽度为 2.5~4.5m（其中人行道宽度可取 0.7m）。

（二）隧洞塌方预防措施

在水利水电工程隧洞施工中最易出现的安全事故就是隧洞塌方。对待水利水电工程隧洞塌方，认真搞好预防工作，将会取得良好的效益。预防隧洞塌方，主要从以下三点着手：

1. 认真搞好勘测设计。在隧洞工程的勘测设计工作中，深入细致调查和勘探隧洞所在区域的地质环境，详细掌握隧洞轴线和进出口的地质资料，对隧洞穿越垭口、沟谷和山体认真分析，尽可能全面掌握所有可能发生塌方的不良地质情况。选择洞线时，尽量避开断层、溶洞、流沙堆积体、地下水和软弱破碎带等不良地层，若必须通过时，应事先考虑相应的技术措施，正确选定施工方法，认真搞好施工组织设计，以便指导工程施工。

2. 施工中应正确合理选择施工方法和防塌技术措施，准备必要的材料和工具。防塌措施有搞好施工排水、采用弱爆破或不爆破开挖技术、合理掌握开挖进度、加强支撑和衬砌进度等。

3. 施工过程中应经常进行检查，及时发现发生塌方的种种预兆，及时采取工程技术措施，防止塌方事故的发生。

（三）隧洞塌方处理措施

塌方发生后，应首先加固未塌地段，以防塌方蔓延，让抢险工作有一个安全的空间；同时，要组织相关人员到塌方现场调查研究，查明塌方的范围、性质以及塌方区围岩的地质构造和地下水活动情况，认真分析形成塌方的原因，及时制定出可行的塌方处理方案。

根据塌方的规模和塌碴的补给情况，塌方可分为大塌方和小塌方。当塌方体厚度大、范围长，已将开挖坑道堵死，或塌方还继续不停地扩展，人员不能或不易进入塌穴的，属于大塌方；反之，当塌方体不足以将坑道全部堵塞，塌方在较长的时间内不再发展或基本停止，人员有可能进入塌穴观察处理的，属于小塌方。根据塌方的危害程度，塌方亦可分为严重塌方和轻微塌方。对于塌方后造成很大的人员伤亡或损失的，属于严重塌方；反之，属于轻微塌方。无论是何种塌方，我们都应认真对待，并根据塌方的实际情况制定相应的塌方处理技术措施。

二、水利水电工程中的水闸施工

（一）水闸工程的重要性

在国内的水利水电项目中，水闸的建筑措施对电能的变换有着关键的作用。具有综合性能的项目设施建筑，搞好水利水电项目的水闸建筑管制对水利水电项目的品质有着直接影响。水利水电是绿色的能再生的资源，是我国走永续发展道路的需求，而水闸项目执行措施是确保水能能够完全发挥的前提，搞好水闸项目的建筑才能够完成水利项目的宗旨。综上所述，要完全发挥水利水电项目的性能，就必须在水闸建筑中使用高技能。

（二）水闸施工工艺要点

水闸是目前水利工程中普及率最广的水利建筑工程，在河渠、水库甚至湖泊等地区都有应用。水闸的主要作用为挡水与泄水，通过闸室以及上下游连接段完成对水流的控制调节。水闸建设地址相对复杂，加上其复杂的工程结构，导致其施工过程的复杂以及质量控制的困难。水闸施工工艺的先进以及质量控制的好坏，直接影响到水闸工程后期应用效果的好坏。

水闸施工工艺流程必须严格按照水闸工程设计要求以及相关的工程类型特点来进行施工方案的设计，其设计原则基本遵循先下后上、先重后轻的施工过程。在此基础上，其工艺流程基本如下：首先需要进行水闸施工的前期准备，包括方案优化、建材购入、施工地址勘探等，同时做好岩堰围堰的预留工作，接下来便可进行基坑的开挖和处理工作，开挖前要进行相关的地形测量与地形描述，在征得监管部门审批后，可进行基坑的开挖与排水，并依据水闸工程闸室的结构特点与技术要求，完成基坑的处理工作。基坑的处理工作包括对闸室底板的固结灌浆，灌浆过程需要注意压力控制，避免混凝土的开裂等现象的发生。与固结灌浆同时进行的还有闸墩、胸墙、闸室交通桥的安装以及上下游消力池、护坦的建设保证工作，完成上下游翼墙以及交通桥台、护坡的施工安装。阀门工程主要在水闸上下游护坦上进行，施工过程须注意钢筋、钢模按照设计进行施工以及阀门张拉预应力的选取。以上工程完成之后，便可进行阀门的工作调试，调试完成之后，即可进行围堰的撤除以及后期的框架安装、装饰修饰以及外围的施工地面平整、道路连接等后续工作，最终进行水闸工程的验收与投入使用。

（三）水利水电工程中水闸施工技术方法

1. 水闸施工前的技术

（1）要明确水闸施工中容易出现问题的关键位置，使得管理具有针对性。一般来说，水闸施工中需要考虑其自身的稳定性、抗渗性和可靠性，因此需要对地基、伸缩缝、止水工程、混凝土工程、闸门等进行重点关注。

（2）要做好方案设计工作。工程项目的施工离不开设计图纸和施工图纸的指导，而设计的质量直接影响着工程的施工质量。在水利工程确定后，要切实做好水闸的设计工作，结合实际情况，选择合适的设计方案，并组织专业技术人员对方案进行严格的审核，确保设计科学合理，符合实际。

（3）要建立专业的施工管理队伍。工程的施工管理需要涉及的方面众多，仅仅依靠少数人是不可能实现全面管理的。为了避免遗漏，在施工开始前，要成立专门的施工管理队伍，并根据施工的具体情况，制定出相应的施工管理制度，切实保证工程施工的质量和效率。

2. 水闸施工过程中的技术

在水闸的建筑程序中要搞好各个工作程序的品质掌控作业，必须对品质进行严格把关才能够确保水闸的品质。建筑中加强对各类物料品质以及强度的检验，对水闸的建筑技术进行整体的掌控，不仅要做好质量的检查，并且对水闸项目关键位置的措施管制作业也要严格把控。

（1）开挖工程

通常情况下，水利工程的水闸面积较大，施工范围广，在开挖阶段的工程量也相对较大，而开挖工程的质量对于水闸工程的整体质量有着极大的影响。如果开挖的断面过大，需要运用大量的混凝土进行填补，从而导致工程的成本增加；如果开挖的断面过小，会直接影响到水闸自身的强度，难以抵御大型洪峰的侵袭。因此，水闸工程的施工单位必须根据工程的设计方案，对其进行严格的计算和限制，确保实际开挖工程与设计保持一致，同时进行严格的质量验收。

（2）混凝土工程

水闸项目建筑对混凝土的需求量较多，因此一定要搞好混凝土物料的品质掌控作业。要留意时常检查以及抽样检查，在频繁的检查下使各环节符合对混凝土品质的掌控程序。在混凝土的搅拌中，要严格按照合理的比例进行调配，据此对构造物混凝土建筑全面掌控。对建筑中重要的位置还要开展钻芯取样的检测，这样才能够在最大限度上确保混凝土构造物的品质。

（3）金属结构工程

由于水闸使用的闸门面积巨大，为了便于运输，一般都是采用现场组装的形式。在对闸门进行选择时，要对其质量进行严格管理和控制，确保其使用的材料拥有相应的合格证明书和质量检测报告，同时对其进行抽样检测，切实保证材料的质量。而为了保证闸门的质量，防止制作时出现变形情况，要选择信誉好、质量有保证的厂家进行制作，并按照工程的施工进度进行焊接，确保焊接质量。

3. **导流施工**

（1）导流方案

在水闸施工导流方案的选择上，多数是采用束窄滩地修建围堰的导流方案。水闸施工受地形条件的限制比较大，这就使得围堰的布置只能紧靠主河道的岸边，但是在施工中，岸坡的地质条件非常差，极易造成岸坡的坍塌，因此，在施工中必须通过技术措施来解决此类问题。在围堰的选择上，要坚持选择结构简单及抗冲刷能力大的浆砌石围堰，基础还要用松木桩进行加固，堰的外侧还要通过红黏土强夯措施来进行有效的加固。

（2）截流方法

在水利水电工程施工中，我国在堵坝的技术上积累了很多成熟的经验。在截流方法上要积极总结以往的经验，在具体的截流之前要进行周密的设计，可以通过模型试验和现场试验来进行论证，可以采用平堵与立堵相结合的办法进行合龙。土质河床上的截流工程，戗堤常因压缩或冲蚀而形成较大的沉降或滑移，所以导致计算用料与实际用料存在较大的出入，所以在施工中要增加一定的备料量，以保证工程的顺利施工。特别要注意，土质河床尤其是在松软的土层上筑戗堤截流要做好护底工程，这一工程是水闸工程质量实现的关键。根据以往的实践经验，应该保证护底工程范围的宽广性，对护底工程要排列严密，在护底工程进行前，要找出抛投物料在不同流速及水深情况下的移动距离规律，这样才能保证截流工程中抛投物料的准确到位。对那些准备抛投的物料，要保证其在浮重状态及动静水作用下的稳定性能。

（四）后期管理

在工程施工后期，应该安排专业的技术人员，对分项工程的质量进行全面细致的检查，对于关键位置要加强检查力度。为了切实保证工程的质量，可以先由施工单位进行自我检测，之后交由监理单位进行复检，确认无误后，才能进行工程的交接工作。对于工程中的关键位置或者容易出现质量问题的部位，要强化检测力度，确保检测结构的准确性和真实性。在整体检测完成后，要根据检测的数据和结果，制定相应的质量检测报告书，由监理单位确认后，与工程一起交付给建设单位，保证工程的施工质量。

第四节　混凝土坝施工

一、水利水电工程混凝土施工

（一）水利水电工程混凝土的施工特点

1. 工期长且工程量大

对多数水利水电工程而言，混凝土的施工是贯穿整个水电工程项目的。一般情况下，水利水电工程都具有三到五年的施工周期，且所使用混凝土量有时有几十万立方米，有时达到上百万立方米。因此，为了有效保障混凝土的施工周期和质量，采用一些先进的手段和施工技术是很有必要的。

2. 施工技术复杂

水利水电工程受施工环境和特殊用途的影响，其施工技术具有一定的复杂性，而且混凝土工程所涉及的混凝土种类多种多样。同时，水利水电工程除了混凝土施工，还包括设备安装和地基挖掘等工作，工种复杂，容易产生施工矛盾。

3. 受季节影响较大

水利水电工程施工过程中，施工单位应认真考虑施工现场所在地的降雨、气温、灌溉用水和抗洪度汛等因素的影响。水利水电工程是户外工程，整个施工受季节等客观情况影响较大。

4. 施工温度要求严格

水利水电工程的混凝土施工大多是体积和面积较大的混凝土，往往使用分块浇筑的方法进行。施工过程中，为了避免混凝土浇筑后出现表面冻害和温度裂缝等质量问题，首先应对施工现场的温度条件进行认真的考虑，对混凝土进行必要的表面保护以及温度控制等预防措施。

（二）水利水电工程混凝土的施工现状

水利水电工程的混凝土施工，引起混凝土质量问题的因素有很多。一些因素是通过人工环节控制的，而另一些因素则需要政府相关部门的严加管理和大力规范。而混凝土的施工现状主要体现在以下几点：

一是水利水电工程监理行业的专业人才相对缺乏，需要进一步完善监理工程师的培养制度和考核制度，可以借鉴国内外工程的成功经验。

二是专业技术人员的严重缺乏，应从管理作用着手，督促施工单位加大人才引进、技术更新的力度，使水利水电工程具有更广阔的提升空间。

三是混凝土的质量波动较大，施工单位应适当加大混凝土配合比例，科学配置水灰比含量，对混凝土各种原材料的引进、检测等环节进行严抓严控，并定期检测各种外加剂、掺和料等，避免不合格材料的进场使用。

（三）存在的问题

1. 技术水平有待提高

这里有两个方面的问题：一是一些施工单位现场施工人员对混凝土的性能不是很熟悉，对影响混凝土质量的要素不是十分了解，在现场难以控制工程施工质量；二是新材料、新技术的应用不多，尤其是在中小型水利水电工程施工中，水利水电行业的混凝土施工基本上还停留在相对较低的技术水平。一些对提高混凝土质量比较有效且相对成熟的技术，比如掺加外加剂、矿物掺和料等，在工程中应用也不是很普遍。只有因地制宜选择合适的骨料、水泥、外加剂、掺和料以及恰当的施工工艺，才能保证混凝土施工质量。

2. 施工工艺水平不高

中小型水利水电工程混凝土施工大体上还是小作坊式作业，投料、运输多为人工操作，机械化及电子化水平较低，专业化程度不高，人为因素造成混凝土质量波动较大。除了大城市周围，商品混凝土应用很少。

3. 混凝土设计强度等级偏低

目前，水利水电工程设计中，主要将是否满足构件的安全作为混凝土设计强度的依据，有的虽然考虑了混凝土构件的耐久性要求，但也不是很充分。为了满足混凝土设计强度、耐久性、抗渗性等要求和施工和易性的需要，有关水工混凝土施工规范不仅规定了胶凝材料和水泥熟料的最低用量，还对混凝土的水胶比（水灰比）做了规定。

4. 质监、监理机构监督力度不够

由于中小型水利水电工程大多远离城市，施工、生活条件艰苦，质监部门很少主动下去检查，主要是以抽查的方式进行监督，很难全面发现施工过程中的工程质量问题。监理单位在现场监理人员较少，有些监理单位的监理人员工作责任心不强、怕吃苦；工地上缺乏有长期从事水利水电工程建设施工经验的监理人员，在实际工作中不能有效进行施工过程的旁站监理，对控制工程质量、造价和工期、管理建设工程合同的履行等监理工作不能

很好地完成，造成工程质量控制方面存在一些实际的漏洞。

（四）混凝土生产过程中存在的主要问题

1. 原材料的问题

（1）水泥

在室内检测试验过程中，会发现有些送检的水泥没有达到国家有关标准的技术要求，其中多为产量较小，且生产工艺为立窑的小型企业的产品，产品质量稳定性差。水泥不合格主要表现在抗压强度、抗折强度和安定性没有达到技术要求。在水利水电工程质量抽检过程中，还发现一些工地水泥仓库的防雨防潮措施不是很到位、水泥贮存时间过长等问题。

（2）骨料

有关水工混凝土施工规范规定，混凝土施工中宜将粗骨料按粒径分级组合使用。水利水电工程混凝土施工中大多采用规格为 5～40mm 或 5～80mm 的混合粗骨料。由于料场开采的部位不断变化，或采用人工骨料时料场的破碎机多为效能较低的颚式破碎机，致使这些混合粗骨料的颗粒级配，堆积密度及孔隙率，针、片状颗粒含量和超逊径含量在施工过程中差别比较大，这就给混凝土施工质量带来比较大的波动。此外，还有一个问题比较突出，在对某些股份制合营的小水电站进行质量抽检时，发现一些“四无”电站为了节省投资，将厂房基础或输水隧洞施工挖掘出来的石碴（有些还是强风化的岩石）未经任何筛选就直接破碎用作混凝土骨料，不按规定进行相关检验；使用前也未经严格的清洗和脱水，骨料岩质的硬度和含泥量等都可能不符合质量要求。相对而言，股份制合营小水电站的工程质量更令人担忧。

2. 配合比误差较大

由于现场多为人工投料，尽管施工现场多备有配合比投料标牌，但混凝土生产过程中投料误差还是比较大，主要有两个方面的问题：一是拌和用水量控制不好，水灰比偏大，极个别工地的施工人员缺乏水灰比的概念，为了减少拌和时间、提高混凝土溜槽入仓进度和减少振捣时间，对混凝土的用水量不加以控制，甚至为了让混凝土尽快入仓，而在溜槽顶部直接加水，将振捣器放入混凝土中稍为振捣一下。二是混凝土的沙率偏大。如上所述，由于混合粗骨料的颗粒级配，堆积密度及孔隙率，针、片状颗粒含量和超逊径含量变化较大，为了满足混凝土的施工性能，混凝土的沙率就必然要增大。按照混凝土的填充包裹理论，就应适当调整配合比，增加水泥和用水量，而受技术能力和生产成本所限，这些都难以做到，混凝土的质量就必然下降。尤其是浇筑泵送混凝土时，为了使骨料不塞管而将混凝土顺利输送到仓面，有的工地不是从掺加高效减水剂、泵送剂、粉煤灰和选择合适的骨料等技术手段着手，而是尽可能加大混凝土的沙率和用水量，以此来提高混凝土施工的速度，因此，经常使用泵送混凝土的水工结构如隧洞等混凝土质量也相对较差。

3. 混凝土拌和不均匀

水利水电工程多处边远山区，混凝土拌和多使用较老旧的小容量自落式搅拌机，而非拌和效果较好的强制式搅拌机，搅拌效果自然差一点儿。加之一些工地盲目赶进度，监督管理不严，混凝土拌和有的时间不足、有的拌和不均匀。工程质量抽检过程中也发现同一部位的混凝土抗压强度值相差较大。

4. 钢筋

在施工工地上有时看到钢筋网位移或变形较严重，工程质量抽检对混凝土钻芯取样时也发现，有的钢筋保护层不足 10mm，有的甚至露筋。

（五）建议

一些水利水电工程施工管理不到位，原因是多方面的。有一个现象，就是水利工程在招标投标中基本上是实行低价中标，有的还在概算定额单价基础上优惠 8%左右再签订施工合同。这样就严重压缩了施工企业的正常利润。本身施工定额标准就低，又长期不能调整，这几年定额人工单价同市场人工单价严重背离；而有的工程还存在转包现象，加之人工费的不断上涨（极个别的工程甚至连材料价差都不补），这样，真正做工程的利润就非常非常薄，施工单位投入的管理和技术人员就会严重不足。应该尽快调整施工定额标准，适应市场的要求；支持和鼓励施工单位获取合法的利润，这样水利施工企业才能留住和引进人才，更新设备，更好地服务于业主并保证工程的质量和安全，整个水利行业才能得到良性发展。

目前，由于待遇低，工作条件艰苦，水利水电行业的施工和监理单位优秀的技术人员相对缺乏，这是一个值得有关部门注意的问题。关于培养监理工程师，国外曾有“三三年”的说法，即成为监理工程师，要经过三年的工程设计、三年的试验检测、三年的施工，有这样九年的经历才可能作为一个合格的监理工程师。如今，活跃在施工现场的施工和监理人员多为老少结合，即已退休或将要退休的年长的技术人员带领刚毕业的年轻技术员，年长的技术人员有经验、有技术、有责任心，但很多不懂电脑，无法独立完成技术资料的整理，有时工地施工紧张身体也吃不消，年轻的技术人员在经验、技术和责任心方面均有所欠缺，整体上缺乏 40 岁左右年富力强又有经验的技术人员。

针对水利水电工程施工中人为因素造成混凝土质量波动较大的现象，现场应尽可能使

用商品混凝土。自制混凝土时，则应加强对施工过程的控制。如施工方对一些工程关键部位混凝土施工没有把握时，不妨适当加大混凝土配合比的配制系数或减小 0.05 水灰比再配制混凝土。

应在混凝土施工前 1~2 个月将水泥、掺和料、外加剂和骨料等原材料送检，坚决杜绝不合格的原材料进入施工现场。现场应尽可能使用产量高、生产工艺为旋窑的大企业的水泥产品。同一料场的骨料要有稳定的供应和稳定的品质，并分级组合使用，如使用混合料时，则应加强对混凝土施工过程的控制，切实按配合比投料，并保证混凝土搅拌时间。

在混凝土工程中尽可能应用掺加外加剂和矿物掺和料等比较成熟的技术，提高混凝土的质量。

由于股份制合营小水电站报建手续大多不全，设计比较粗糙，施工不规范，监管不到位，因此，工程质量相对比较差。2021 年以来多座小型水电站施工过程中发生坍塌并造成人员伤残事故，建议有关部门加大对股份制合营小水电站工程监管和工程质量抽检的力度。

二、水利水电工程混凝土坝施工技术

大中型水利水电工程混凝土坝占有很大比重，特别是重力坝、拱坝应用更为普遍。其特点是工程量大、质量要求高、与施工导流关系密切、施工季节性强、浇筑强度大、温度控制严格、施工条件复杂等。在混凝土坝施工中，大量沙石骨料的采集、加工，水泥和各种掺和料、外加剂的供应是基础，混凝土制备、运输和浇筑是施工的主体，模板、钢筋作业是必要的辅助。

（一）混凝土浇筑施工工艺

混凝土浇筑是保证混凝土工程质量的最重要环节。混凝土浇筑过程包括浇筑前的准备工作、混凝土入仓铺料、平仓振捣及养护等。

1. 施工准备

浇筑前的准备作业包括基础面的处理、施工缝处理、立模、钢筋和全面检查与验收等。对于土基，应将预留的保护层挖除，并清除杂物，然后铺碎石再压实。对于沙砾石地基，应先清除有机质杂物和泥土，平整后浇筑 200mm 厚的 C15 混凝土，以防漏浆。对于岩基，必须首先对基础面的松动、软弱、尖角和反坡部分用高压水冲洗岩面上的油污、泥土和杂物。岩面不得有积水，且保持湿润状态。浇筑前一般先铺浇一层 10~30mm 厚的沙浆，以保证基础与滑好结合。如遇地下水时，应做好排水沟和集水井，将水排走。

2. 施工缝处理

施工缝是指浇筑块之间临时的水平和垂直结合缝，即新老混凝土之面。对需要接缝处理的纵缝面，只须冲洗干净可不凿毛，但须进行接缝平缝的处理，必须将老混凝土面的软弱乳皮清除干净，形成石子半露的清洁表面，以利新老混凝土结合。

高压水冲毛。高压水冲毛技术是一项高效、经济而又能保证质量的缝面处理技术，其冲毛压力为20~50MPa，冲毛时间以收仓后24~36h为宜，掌握开始冲毛的时间是施工的关键，过早将会浪费混凝土，并造成石子松动。过迟却又难以达到清除乳皮的目的，可根据水泥的品种、混凝土的强度等级和外界气温等进行选择。

风沙枪喷毛。用粗沙和水装入密封的沙箱，再通过压缩空气（0.4~0.6MPa）将水、沙混合后，经喷射枪喷向混凝土面，使之形成麻面，最后再用水清洗冲出的污物。一般在混凝土浇筑后24~48h内进行。

钢刷机刷毛。这是一种专门的机械刷毛方式，类似街道清扫机，其旋转的扫帚是钢丝刷，其质量和工效都比较高。

人工或风镐凿毛。对坚硬混凝土面可采用人工或风镐凿除乳皮，施工质量好，但工效较低。风镐是利用空气压缩机提供的风压力驱动振冲钻头，振动力作用于混凝土面层，凿除乳皮；人工则是用铁锤和钢钎敲击。

3. 振捣

振捣是指对卸入浇筑仓内的混凝土拌和物进行振动捣实的工序。振捣按其工作方式分为插入振捣、表面振捣、外部振捣三种，常用的为插入振捣。插入振捣器工作部分长度与铺料厚度比为1:(0.8~1)，应按一定顺序和间距插点。间距为振动影响半径的1.5倍，插入下层混凝土5cm，每点振捣时间15~25s。以振捣器周围见水泥浆为准，振捣时间过短，得不到密实；振捣时间过长，粗骨料下沉影响质量的均匀性。

4. 混凝土养护

混凝土养护是指混凝土浇筑完毕后，为使其有良好的硬化条件，在一定的时间内，对外露面保持适当的温度和足够的湿度所采取的相应措施。养护时间一般从浇筑完毕后12~18h开始，在炎热干燥天气情况下还应提前进行。持续养护14~28d，具体要求根据当地气候条件、水泥品种和结构部位的重要性而定。在常温下，混凝土的养护方法通常是在垂直面定时洒水或自动喷水，水平面用水或潮湿的麻袋、草袋、木屑及湿沙等物覆盖。还可在混凝土表面，喷涂一层高分子化学溶液养护剂，阻止混凝土表面水分的蒸发，该层养护剂在相邻层浇筑以前用水冲洗掉，有时也能在以后自行老化脱落。在寒冷地区的严寒季节，为防止混凝土表层冻害，应在温度不低于5℃下养护5~7d，采取的保温措施有暖棚

法、表面喷涂一定厚度的水泥珍珠岩、表面覆盖聚乙烯气垫膜和延缓拆模时间等。

（二）混凝土温度控制

国内通常把结构厚度大于 1m 的称为大体积混凝土。大体积混凝土承受的荷载巨大，结构整体性要求高，如大型设备基础、高层建筑基础底板等。一般要求混凝土整体浇筑，不留施工缝。在混凝土浇筑早期，受水泥水化热的影响，产生较大的温度应力，易产生有害的温度裂缝。虽然混凝土大坝坝体施工速度快，但与常态混凝土大坝一样，混凝土坝也需要采取严格的温度控制措施，以确保坝体内的最高温度和断面上温度变化梯度不超过设计值，避免由于温度变化和混凝土体积收缩而在坝面和坝体内部出现裂缝，影响大坝的防渗性能和耐久性，为此，需要对混凝土大坝内部的温度场及其发展变化过程有很好的了解。施工过程仿真分析需要知道坝体内的实际温度场，无论是出于直接采用还是标定程序的目的，而各种温控措施的效果也只有通过坝体内的实际温度场来反映。另外，通过监测大坝内部混凝土最高温度，可以动态调整施工进度；通过监测温度上升的速度，可以判断异常的混凝土配合比，以便在混凝土初凝前采取补救措施；通过监测断面上温度变化梯度，可以调整上下游坝面和仓面养护措施，避免产生裂缝。所以，及时和准确地获得坝体内的实际温度场是控制混凝土大坝施工进度和质量的重要前提。

1. 温度控制标准

混凝土块体的温度应力、抗裂能力、约束条件，是影响混凝土发生裂缝的主要原因。而温度应力的大小与各类温差的大小和约束条件有关，因此，温度控制就是要根据混凝土的抗裂能力和约束条件，确定一般不致发生温度裂缝的各类允许温差，此允许温差即为相应条件下的温度控制标准。

2. 温度控制措施

温度控制的具体措施通常从混凝土的减热和散热两个方面入手。所谓减热就是减少混凝土内部的发热量，如通过降低混凝土的发热量来降低入仓温度，或者通过减少混凝土的水化热温升来降低混频的最高温度；所谓散热就是采取各种散热措施，如增加混凝土的散热，温升期采取人工冷却降低其最高温升。

3. 坍落度检测和控制

混凝土出拌和机以后，须经运输才能到达仓内，不同环境条件和不同运输工具对于混凝土的和易性产生不同的影响。由于水泥水化作用的进行、水分的蒸发以及沙浆损失等，会使混凝土坍落度降低。如果坍落度降低过多，超出了所用振捣器性能范围，则不可能获得振捣密实的混凝土。因此，仓面应进行混凝土坍落度检测，每班至少两次，并根据检测结果，调整出机口坍落度，为坍落度损失预留余地。

4. 混凝土初凝质量检控

在混凝土振捣后、上层混凝土覆盖前，混凝土的性能也在不断发生变化。如果混凝土已经初凝，则会影响与上层混凝土的结合。因此，检查已浇混凝土的状况，判断其是否初凝，从而决定上层混凝土是否允许继续浇筑，是仓面质量控制的重要内容。此外，混凝土温度的检测也是仓面质量控制的项目，在温控要求严格的部位则尤为重要。

5. 混凝土的强度检验

混凝土养护后，应对其抗压强度通过留置试块做强度试验判定。强度检验以抗压强度为主，当混凝土试块强度不符合有关规范规定时，可以从结构中直接钻取混凝土试样或采用非破损检验方法等其他检验方法作为辅助手段进行强度检验。

三、水利水电工程建筑中的混凝土拱坝施工

（一）布置混凝土生产系统

主要从制冷系统、拌和系统两个方面布置混凝土生产系统。

1. 混凝土制冷系统

先进行一次风冷，然后在拌和楼料仓中对骨料进行冷却，将骨料冷却到12℃左右，然后转移地方，对骨料继续冷却，直至冷却到10℃左右。对混凝土进行拌和的过程中，加入少量片冰，以进一步降低混凝土温度，在出机口的温度降到大约11.5℃。需要注意的是，对入仓温度要进行控制，最高温度不能超过13℃。混凝土通过冷水冷却，最大的通水量为180m^3/h，对制冷水的温度有一定的要求，需要控制在6~8℃之间。

2. 混凝土拌和系统

在拌和系统布置的时候，需要为混凝土生产强度留有一定的空间，按照混凝土强度考虑进行设计，拌和系统设计为101.1m^3/h。

（二）拱坝的施工过程控制

首先，在基层或调平层上进行模板控制；然后，将上面的灰尘杂物清扫干净；最后，立模板。将基层与立好的模板牢固紧贴，经得起振动且不走样，如果模板底部与基层间有空隙，应把模板垫衬起，把间隙堵塞，以免振捣混凝土时漏浆。立好模板后，应再检查一次模板高度和板间宽度是否正确。为便于拆模，立好的模板在浇捣混凝土之前，在其内侧涂隔离剂或铺上一层塑料薄膜，铺薄膜可防止漏水、漏浆，使混凝土板侧更加平整美观，

无蜂窝，保证了水泥混凝土板边和板角的强度、密实度。

入场材料是否合格应在入场前进行检查，以防不合格的材料入场。拌制混凝土严格按施工配合比通知单要求进行，现场拌制混凝土，一般先将计量好的原材料汇集在上料斗中，以上料斗进入搅拌筒。将水及液态外加剂加以计量后，在往搅拌筒中进料的同时，直接进入搅拌筒。混凝土施工配料是保证混凝土质量的重要环节之一，必须加以严格控制。原材料汇集入上料斗的顺序：当无外加剂和混合料时，依次进入上料斗的顺序为石子、水泥、沙。

按照石子、水泥、混合料、沙的顺序掺混合料，按照石子、外加剂、水泥、沙的顺序掺干粉状外加剂。在不小于规定的混凝土搅拌的时间内完成混凝土拌制工作。拌和过程中，应随时检查拌和深度，重点检查拌和底部是否有“素土”夹层。施工必须按规定的坍落度拌制混凝土，不得随意减少或增加材料用量，不浇筑不合格的混凝土。为保证混凝土具有良好的流动性、黏聚性和保水性，不泌水、不离析，当混凝土符合要求时，拌和物搅拌均匀、颜色一致。如果不符合要求应及时找出问题所在，迅速给予调整。对于混凝土的浇筑工作，要求振捣密实，不漏振或过振，尤其要注意内模有漏振和模板跑浆现象。混凝土停止下沉，不再冒出气泡，表面呈现平坦泛浆，表明已经振动密实，这时要迅速覆盖以防水分蒸发。等混凝土有足够强度时，还需要人工凿毛，去皮露骨。另外，拣除土块、超尺寸颗粒及其他杂物要有专人负责。对于原材料每盘称量的偏差范围控制标准为：粗细骨料允许偏差±3%，水泥掺和料允许偏差±2%，水泥外加剂允许偏差±2%；每当含水率有显著变化时，还要增加含水率检测次数，同时尽快调整水和骨料的用量，每个工作班抽查至少一次。混凝土运输、浇筑及间歇的全部时间不应超过混凝土的初凝时间。

将运至浇筑现场的混合料直接倒入安装好模板的槽内，并人工搅拌均匀，若出现离析时应重新搅拌，摊铺的工作流程如下：先用铁耙把混合料耙散，然后用刮子、铲子把料耙散、铺平，在模板周围运用扣铲法撒铺混合料，然后再插入捣几次，这样将砂浆捣出，可以避免有空洞蜂窝。松散混凝土一般比模板顶面设计高度高10%左右。如果需要歇息暂停施工，应将时间控制在一小时以内，同时还要做好一些辅助工作，可用麻袋覆盖好已捣实的混凝土表面，继续工作时将此混凝土耙松再铺筑。

第五节　水电站厂房施工

一、水电站厂房施工技术

一般来说，水电站厂房工程，包括多个部分，如主厂房、副厂房、开关站和尾水渠等。而其中有以主厂房的混凝土工程量为关键。因为，其施工量最大，工序多，施工复杂，而且工期较长，这也就决定了其是控制水电站工程施工乃至整个水利枢纽施工进度的关键所在。

（一）厂房施工特点

1. 上部结构和下部结构的施工特点

上部结构是指水电站厂房发电机层以上的结构；下部结构是指发电机层以下的结构。上部结构由承重构架与不承重的砖墙组成。承重构架一般是钢筋混凝土结构，通常是进行现场浇筑或预制安装，当然如果有必要，也可考虑采用钢结构。

下部结构的施工方法与一般工业厂房基本相同。基础板、尾水管、蜗壳、机墩和上下游墙等是下部结构主要组成部分。其特点是形状不规则，结构尺寸大，埋件多，因此，我们可以注意其承重的荷载比较复杂，对施工技术要求也很高。大中型水电站多机组厂房，一般是分期施工安装和分期投入运转，所以，在厂房结构设计和施工进度计划中，必须考虑分期施工的问题。

（1）多机组厂房的下部结构，有条件的话，尽量一次建成，只要把后期安装机组段的二期混凝土部分，留作以后浇筑。副厂房和辅助设备，必须符合分期施工各时期正常运行的要求。中央控制室、副厂房的急需部位，有条件就需要一次建成。另外，厂房上部结构也需要一次建成。假如后期投入运转的机组段无条件在一期修建，就要把需要开挖的边坡、危岩处理以及处于水下的基础开挖等，在一期发电前完成，这样才能有效避免后期施工影响运行机组段安全的情况。

（2）后期运行机组段的一期混凝土强度，必须符合初期运行阶段的要求，适应初期运行期间各种可能的尾水位情况。否则，就需要根据相关规定采取措施，进一步加强一期混凝土结构的承载能力。

（3）后期的施工通道，应尽可能地与初期的运行通道分开，防止人员穿行于已投入运转的主、副厂房部位。如果不能避免时，就需要采取切实可靠的安全措施。

2. *厂房形式对施工的影响*

厂房的布置形式可分为六种类型，即坝后式厂房、河床式厂房、引水式厂房、坝内式厂房、溢流式坝后厂房和地下厂房。当然，不同形式的厂房对施工有不同的影响。

（1）坝后式厂房

发电厂房布置在坝下游，厂房没有办法起到挡水作用。因为厂坝分开，两者施工的干扰很小，不过压力钢管施工与相应坝段混凝土浇筑的干扰较大。所以，在厂房混凝土施工场地布置及运输浇筑方案的选择中，应该适当考虑与混凝土坝浇筑结合；也可在厂坝之间和厂房下游侧另行布置。厂房施工对主体工程的工期通常是不起控制作用的。

（2）河床式厂房

河床式厂房本身就可以起到挡水作用，是挡水建筑物。通常来说，因为流量较大，水头较低，所以都采用钢筋混凝土蜗壳。尽管其尺寸较大，不过埋件、安装工作量比钢蜗壳要少得多。这类厂房因为上下游方向尺寸大，所以基础开挖量及高差都是比较大的。要想加快施工进度，就需要对厂房进行分段施工，混凝土浇筑运输方案，可与挡水坝（闸）作为一个整体考虑；在厂房的下游侧，通常还会另外布置浇筑设施。

（3）引水式厂房

引水式厂房通常都远离挡水、取水建筑物，所以，工程量较大，引水建筑物的路线长，对施工工期起控制性作用。厂房、引水和挡水建筑物，可以分别设置施工系统，使其施工互不干扰。

（4）坝内式厂房

坝内式厂房的引水道和尾水道都比较短，同时坝体内留有空腔。一方面可以节省厂房基础大量的开挖量与混凝土工程量；另一方面利于混凝土的散热，可以加快坝体冷却。但其也有缺点：厂坝同时施工，相互干扰大；钢筋用量较多，施工较困难，封拱要求高；机组埋件安装及二期混凝土在厂房封拱后进行，施工条件较差。

（5）溢流式坝后厂房

溢流式坝后厂房要求厂房顶部能通过高速水流，厂房和边墙一般为厚而重的钢筋混凝土结构。溢流面施工要求平滑，模板结构较复杂，工期较长，施工难度大。混凝土的运输浇筑布置与坝后式厂房基本相似。

（6）地下厂房

地下厂房为地下工程中的大洞室，通常布置是较为集中的，形成各种组合形式的洞室群。工程地质和水文地质条件对施工的影响较大，比其他形式的水电站厂房施工均较困难和复杂，对工程进度起控制作用。

3. 混凝土的施工特点

水电站厂房混凝土施工特点主要有下列内容：

（1）要求的基础开挖高程低，施工出渣和基坑排水较困难，因而给混凝土的施工带来一定的影响。

（2）结构形状较为复杂，混凝土品种很多、标号高，水泥用量多，必须严格控制温度。

（3）混凝土浇筑往往与厂房的机电埋件安装工作平行进行，在施工中遭受干扰较大。

（4）许多部位断面尺寸小、钢筋密，吊罐无法直接入仓，浇筑混凝土设备综合生产能力较低，是浇筑大体积混凝土的50%~70%。

（5）内部结构过流面的平整度和金属结构、机电埋件安装精度要求高。

（6）模板量大而且形状多，同时其结构又复杂，对制作安装有高精度的要求。

（7）设有宽槽、封闭块和灌浆缝时，必须妥善安排施工进度，保证混凝土回填和灌浆时间，否则将影响工期。

（二）施工布置和工序

1. 施工布置

水电站厂房混凝土的施工布置，必须按照厂房形式、地形及水文条件、导流方式等，再结合施工布置统筹安排。在厂坝相连的枢纽中，要尽量与坝体混凝土的施工布置相结合；如果是单独的厂房系统，那就需要按照规定进行专门的施工布置。当然，不管是哪种布置方式，都需要对其施工道路、施工场地、施工机械、临时设施等进行合理选择，保证在施工前形成生产能力，以便能够符合施工条件要求。

混凝土的水平运输，一般选择用机车立罐、自卸汽车、汽车卧罐等；垂直运输一般都选择塔机、门机或缆机。其主要的大型运输机械，应根据厂房的浇筑范围和起重机械的工作特性，并结合混凝土的水平运输方式，进行平面位置和立面高程的布置。施工初期，塔机或门机都布置在厂房的上下游，一般不设栈桥；后期根据施工需要，将塔机或门机转移至尾水平台或厂坝间等部位。

缆机由于机械特性及厂房结构特点，很少专门用于厂房混凝土浇筑。在坝体施工中若布置有缆机，可结合进行厂房下部结构的混凝土浇筑，但上部结构，仍须配备塔机或门机。厂房混凝土施工中，主要起重机械难以达到的部位，也可采用胶带运输机和混凝土泵输送混凝土。

2. 施工程序

厂房施工中的工序较多，有基础填塘、立模、扎筋、埋件、金属结构及机组安装、混

凝土浇筑等。各工序必须密切配合，减少干扰。基础开挖处理完毕后，按温控要求进行基础填塘，满足间歇期后，浇筑底板混凝土。弯管段和扩散段底板混凝土，一般浇筑层厚为1~2m，尽可能做到短间歇连续上升。

如果边墙后有后浇块，则先浇长块，满足间歇期后再浇短块；第一层根据顶板模板承载能力、结构尺寸大小确定浇筑层厚度。

尾水扩散段的墩、墙分一层或几层浇筑，如采用倒“T”形梁作为顶板支承模板，须待墩顶混凝土达到设计要求强度后，再架设倒“T”形梁，浇筑梁裆混凝土，待达到设计要求强度后，方可浇筑上层混凝土。

钢蜗壳侧墙浇筑层厚3~5m，混凝土蜗壳侧墙浇筑层厚2~4m。蜗壳侧墙以上至屋顶以下的上下游墙，一般有重型和轻型结构两种。重型结构在吊车梁牛腿部位可做一浇筑层。

其他各层高度3~5m，牛腿以上至层顶以下为一层。各层间设水平键槽，凿毛清洗再浇上层混凝土。轻型结构的柱、梁为现浇或预制的钢筋混凝土构件，墙身多为砖砌混凝土。在浇筑过程中，应及时纠正变形模板，严格控制高程。

二、水电站地下厂房开挖施工措施

地下厂房的开挖要从上到下进行分层施工、逐步成型，应该将每一层的厚度控制在10m范围内。工程技术人员在进行分层时要充分考虑到设备作业空间、施工通道、爆破振动控制以及钻孔精度等因素。发电机层的下部界面应兼顾引水隧洞洞脸加固的要求来进行控制，上部界面则要充分考虑到母线洞洞脸的加固要求来进行控制。岩壁吊车梁层应尽量控制在10m左右，其下部界面控制应按照比下拐点高程短3.5m，上部界面控制则应按照比梁顶设计高程高0.5m。根据诸多地下厂房开挖工程的时间经验显示，高边墙围岩的位移会随着中下部深孔梯段的开挖施工而急剧增加，因此，在施工时要特别注意控制爆破的孔深，从而降低开挖施工对高边墙位移的影响。

地下厂房拱顶层下部的开挖大多采用光面爆破和预裂爆破来控制开挖轮廓线，再用深孔梯段微差爆破的方法对中间岩体进行清除。目前，主要采用两种方法对这一部分进行施工：一是采用深孔预裂爆破技术对轮廓线进行分批开挖，采用此种方法可以将超挖控制在8~15cm的范围内，且对于变形的控制要优于后者，因此如果没有条件限制，应尽量采用这种方法。二是根据爆破试验所取得的数据选择预留保护层的厚度，然后先开挖中间拉槽部分，再用小型炸药分层对预留保护层进行清除，对下层利用光面爆破成型，上层轮廓线则通过预裂爆破进行控制，利用这种方法可以将超挖控制在15~20cm的范围内。

第三章　水利水电工程建设项目管理模式

第一节　工程项目管理概述

一、项目管理概述

（一）项目的定义及特征

“项目”一词已被广泛应用于社会的各个方面。国外许多知名的管理学方面的专家或者组织都曾试图用简明扼要的语句对项目加以概括和描述。目前使用较多的对项目的定义为“项目是一个专门组织，为实现某一特定目标，在一定约束条件下，所开展的一次性活动或所要完成的一个任务”。

与一般生产或服务相比，项目的特征包括其单件性或一次性、一定的约束条件及具有生命期。而具有大批量、可重复进行、目标不明确、局部性等特征的任务，不能称为项目。

（二）项目管理的基本要素

1. 项目管理的定义

项目管理是指在一定的约束条件下，为达到项目目标（在规定的时间和预算费用内，达到所要求的质量）而对项目所实施的计划、组织、指挥、协调和控制的过程。项目管理过程通常包括项目定义、项目计划、项目执行、项目控制及项目结束。

2. 项目管理的职能

不同的管理都有各自不同的职能，项目管理的职能包括组织职能、计划职能及控制职能。此外，项目管理也同时具有指挥、激励、决策、协调、教育等职能。

3. 项目管理的特点

（1）管理程序和管理步骤因各个项目的不同而灵活变化。

（2）应用现代化管理的方法和相应的科学技术手段。

（3）可以采用动态控制作为手段。

（4）项目管理以项目经理为中心。

4. 项目管理的产生和发展

项目管理是在社会生产的迅速发展、科学日新月异的进步过程中产生和发展起来的。它是一门新兴科学，但是直到20世纪60年代才真正地成为一门科学。因此，其必然有着这样或者那样的不足，也因此留有更多的、更广阔的空间需要我们努力钻研和积极探讨，使其能够不断完善，从而适应社会生产和发展的需要，使这门科学能够充分地为我们的社会做出更大的贡献。

二、工程项目管理基本理论

（一）工程项目管理基本要素

1. 工程项目管理的定义

工程项目管理可以这样定义：为了在一定的约束条件下顺利开展与实施工程项目，业主委托相关从事工程项目管理的企业，企业按照合同的相关规定，代表业主对项目的所有活动的全过程进行若干的管理和服务。

2. 工程项目管理的特点

（1）工程项目管理是一种一次性管理

不同于工业产品的大批量重复生产，更不同于企业或行政管理过程的复杂化，工程项目的生产过程具有明显的单件性，这就决定了它的一次性。因此，工程项目管理可以用一句话来简略地加以概括：它是以某一个建设工程项目为对象的一次性任务承包管理方式。

（2）工程项目管理是一种全过程的综合性管理

在对项目进行可行性研究、勘察设计、招标投标以及施工等各阶段，都包含着项目管理，对于项目进度、质量、成本和安全的管理又分别穿插其中。工程项目的特性是其生命周期是一个有机的成长过程，项目各阶段有明显界限，又相互有机衔接，不可间断。同时，由于社会生产力的发展，社会分工越来越细，工程项目生命周期的不同阶段逐步由不同专业的公司或独立部门去完成。在这样的背景下，需要提高工程项目管理的要求，综合管理工程项目生产的全部过程。

（3）工程项目管理是一种约束性强的控制管理

项目管理的重要特点是在限定的合同条件范围内，项目管理者需要保质保量地完成既定任务，达到预期目标。此外，工程项目还具有诸多约束条件，如工程项目管理的一次性、目标的明确性、功能要求的既定性、质量的标准性、时间限定性和资源消耗控制性等，这些就决定了需要加强工程项目管理的约束强度。因此，工程项目管理是强约束管理。这些约束条件是项目管理的条件，也是不可逾越的限制条件。

工程项目管理与施工管理不同。施工管理的对象是具体的工程施工项目，而工程项目管理的对象是具体的建设项目，虽然都具有一次性的特点，但管理范围不同，前者仅限于施工阶段，后者则是针对建设全部生产过程。

（二）工程项目管理的任务

工程项目管理贯穿在一个工程项目进行的全部过程，从拟订规划开始，直到建成投产为止，其间所经历的各个生产过程以及所涉及的建设单位、咨询单位、设计单位等各个不同单位在项目管理中密切联系，但是由于项目管理组织形式的不同，在工程项目进展的不同阶段，各单位又承担着不同的任务。因此，推进工程项目管理的主体可以包括建设单位、相关咨询单位、设计单位、施工单位以及为特大型工程组织的代表有关政府部门的工程指挥部。

工程项目管理的类型繁多，它们的任务因类型的不同而不同，其主要职能可以归纳为以下六个方面：

1. 计划职能

工程项目的各项工作均应以计划为依据，对工程项目预期目标进行统筹安排，并且以计划的形式对工程项目全部生产过程、生产目标以及相应生产活动进行安排，用一个动态的计划系统来对整个项目进行相应的协调控制。工程项目管理为工程项目的有序进行，以及可能达到的目标等提供一系列决策依据。除此之外，它还编制一系列与工程项目进展相关的计划，有效指导整个项目的开展。

2. 协调与组织职能

工程项目协调与组织是工程项目管理的重要职能之一，是实现工程项目目标必不可少的方法和手段，它的实现过程充分体现了管理的技术与艺术。在工程项目实施的过程中，协调功能主要是有效沟通和协调加强不同部门在工程项目的不同阶段、不同部门之间的管理，以此实现目标一致和步调一致。组织职能就是建立一套以明确各部门分工、职责以及职权为基础的规章制度，以此充分调动建设员工对于工作的积极主动性和创造性，形成一个高效的组织保证体系。

3. 控制职能

控制职能主要包括合同管理、招标投标管理、工程技术管理、施工质量管理和工程项

目的成本管理这五个方面。其中，合同管理中所形成的相关条款是对开展的项目进行控制和约束的有效手段，同时也是保障合同双方合法权益的依据；工程技术管理由于不仅牵涉委托设计、审查施工图等工程的准备阶段，而且还要对工程实施阶段的相关技术方案进行审定，因此它是工程项目能否全面实现各项预定目标的关键；施工质量管理则是工程项目的重中之重，包括对于材料供应商的资质审查、操作流程和工艺标准的质量检查、分部分项工程的质量等级进行评定等。此外，招标投标管理和工程项目成本管理也是控制职能的不可或缺的有机组成部分。

4. 监督职能

工程项目监督职能开展的主要依据是项目合同的相关条款、规章制度、操作规程、相关专业规范以及各种质量标准、工作标准。在工程管理中，监理机构的作用需要得到充分的发挥。除此之外，应加强工程项目中的日常生产管理，及时发现和解决问题，堵塞漏洞，确保工程项目平稳有序运行，并最终达到预期目标。

5. 风险管理

对于现代企业来说，风险管理就是通过对风险的识别、预测和衡量，选择有效的手段，以尽可能降低成本，有计划地处理风险，以获得企业安全生产的经济保障。工程项目的规模不断扩大，所要求的建筑施工技术也日趋复杂，业主和承包商所需要面临的风险越来越多，因此，需要在工程项目的投资效益得到保证的前提下，系统分析、评价项目风险，以提出风险防范对策，形成一套有效的项目风险管理程序。

6. 环境保护

现代人们提倡环保意识，一个良好的工程建设项目就是要对环境不造成或者在造成尽可能小的损害的前提下，对环境进行改造，为人们的生活环境添加美丽的社会景观，造福人类。因此，在工程项目的开展过程中，需要综合考虑诸多因素，强化环保意识，切实有效地保护环境，防止破坏生态平衡、污染空气和水质、损害自然环境等现象的发生。

第二节　我国水利水电工程项目管理模式

一、我国工程项目管理模式

（一）我国工程项目管理模式的历史

中华人民共和国成立以来，我国工程项目管理曾实行过多种不同的模式，大体上可分为五个阶段：

第一个阶段是中华人民共和国成立之初，以建设单位自营模式为主。

中华人民共和国刚成立时，我国各种资源相对匮乏，大批的工业企业和基础设施亟须恢复或新建。当时，我国各行业发展较为落后，全国的设计和施工单位规模小，设计能力和施工力量不强并且较为分散，无法满足基本建设的需要，因此，采用建设单位自营模式组织建设能够适应当时绝大多数的基本建设工程。建设单位自营模式就是工程项目开展过程中，对项目全过程的统一管理，设计、施工力量的组织以及机械材料的采购等均由建设单位自行完成，这样做的优点是使工程项目的统一管理得到了保证，建设单位的施工积极性也得到了最大限度的调动，保质保量地完成工程项目建设任务。其缺点是在管理工程建设的经验和能力方面，建设单位力不从心，同时设计和施工力量分散，施工经验积累不足，工程浪费和工程损失不能得到有效控制，不利于实现工程建设的专业化管理。

在新中国成立初期的较短时间里，采用建设单位自营模式具有一定的适应性，能够较好地完成初期的建设工作，但是其在生产管理模式上封闭的特点决定了其在实践过程中弊端丛生，与专业化、社会化的生产方式不能匹配，还须加以改进和转换。1952 年 1 月 9 日，中央财经委颁发《基本建设工作暂行办法》，要求建设与施工单位脱离，按照苏联模式实行甲、乙、丙三方制模式。

第二个阶段，1953—1965 年，学习苏联的甲、乙、丙三方制模式。

中华人民共和国成立后，随着国民经济发展计划的提出，各种大规模项目建设的开展需要具有一定工程建设水平和管理水平的建设单位来承担，各主管部门在对前一阶段基本建设经验进行消化和吸收的基础上，统筹安排，通过对设计和施工力量的整合，组建了一批实力较强的施工单位和设计院，从而完成我国工程项目建设方式由建设单位自营模式向甲、乙、丙三方制模式的转变，其中甲方指建设单位，乙方指设计单位，丙方指施工单位。

甲方由政府主管部门负责组建，而乙方和丙方的组建和管理则是在各自行政主管部门的参与下完成。建设单位（甲方）自行负责建设项目全过程的管理工作，由各自的政府主管部门向设计施工单位下达具体的设计、施工任务，由政府有关部门直接协调和解决项目实施过程中遇到的技术、经济等问题。

三方制模式在明确建设参与各方的关系的基础上，一定程度地提高了施工管理水平并节约了投资。

在当时资源紧缺、建设任务重、工期紧张的基本条件下，由政府主管部门采取行政指令的方式对建设单位的资金和物资的供应进行管理，并指派相应的设计院和施工单位，可以取得较好的经济效益。然而这种模式的弊端随着经济的发展也逐渐暴露出来，例如采用

行政指令的方式指定相关的生产建设单位，使得参与方没有自主协调的权利，相互间缺少沟通与交流，力量分散，不利于项目建设的有序开展。

第三个阶段，1965—1984 年，以工程指挥部模式为主。

1965 年，我国的工程建设开始全面推行工程指挥部模式。各有关单位按照政府主管部门指派分别派代表组成指挥部，在工程建设期间负责设计、采购、施工的管理工作，运营工作则在项目完成后交由生产管理机构负责，建设指挥部即完成了自己的使命。这种项目模式是高度集中的计划经济的产物，其优点是把建设的职能与管理生产的职能分开，在"三线建设"中得到充分发展，其中应用较为普遍的领域是国内的一些大型工程项目和重点工程项目，至今这种工程项目管理模式在我国仍比较常见。

工程指挥部模式把工程建设的全过程作为一个整体来管理，该模式在应用的初期起到了积极的作用，尤其是在集中资源和加快工程建设等方面，但是工程指挥部模式严重违背了商品经济规律，最终不可避免地产生了很多缺点：因不承担项目决策风险致使工程项目的决策者不能够全身心投入，指挥部的主要负责人多由政府机构领导兼任，他们缺乏相关的工程管理经验，在管理过程中又过于强调使用行政手段等，往往造成工程项目的投资和工程质量得不到有效保证，建设期也大大延长，影响了项目的交付使用。

第四个阶段，1984—1986 年，学习引进国际先进的工程项目管理模式。

改革开放以后，大量国外成套生产设备陆续引进国内，我国的建筑市场也有国外资金和国外承包人的参与，同时也带来了国际通行的工程项目管理理论。其后，由于国际文化交流的进一步发展，以及世界银行等国际金融组织贷款和外商投资建设项目的大量增多，各种工程项目管理理论和实践经验在我国得到进一步的推广和发展。特别是在运作相关国际项目时采用国际惯例实行项目管理，这就进一步加速了我国自身工程项目管理理论的发展，也促进了我国工程项目管理模式、投资体制等的全方位改革。

第五个阶段，从 1987 年至今，我国根据自己的国情，对工程项目管理模式进行研究探索、规范完善，并使其进入国际化发展阶段。

（二）我国当前工程项目管理体制

改革开放以后，基本建设领域为了适应不断发展而出现的新情况，也进行相应改革并推出了一系列新的举措，通过推行三项制度（项目法人责任制、招标投标制、建设监理制），形成了以国家宏观监督调控为主导，以项目法人责任制为核心，以招标投标制和建设监理制为服务体系的工程项目管理体制的基本格局；出现了以项目法人为主体的工程招标发包体系，以设计、施工和材料设备供应单位为主体的投标承包体系，以及以建设监理单位为主体的中介服务体系的市场三元主体，三者之间以经济为纽带，以合同为依据，相互监督，相互制约，形成了工程项目组织管理体制的新模式，彻底改变了我国以往以政府投资为主、以指令性投资计划为基础的直接管理型模式，使之转变为以企业投资为主、政府宏观控制引导和以投资主体自主决策、风险自负为基础的市场调节资本配置机制。这项改革使得项目法人责任制和项目投资风险约束机制得到强化，使项目和企业融为一体。

1. 项目法人责任制

在理论上，项目业主责任制增强了业主的责任观念，初步解决了当时我国投资主体和责任主体相分离，打破了工程建设一旦出现问题而责任又缺失的局面。但由于政府拥有行政立项审批人和单一出资人的双重身份，政府机构组建的发包人单位不能在生产经营活动中自主决策、自负盈亏，仅仅是政府机构的附属物，这就造成了项目管理人员责任心不重，管理建设任务执行不到位，不能从根本上解决我国项目建设与经营中存在的问题。

1996 年，我国进一步颁布了《关于实行建设项目法人责任制的暂行规定》。该制度明确了在整个项目运作过程中法人的核心地位，同时确立了工程项目的投资主体和责任主体，法人须承担投资风险，并需要对项目建设的全过程以及后来的生产经营、资产保值增值的全过程负责。这样就使产权主体缺失、国有产权虚置等长期存在的问题得到有效解决，责、权、利相一致的保障机制和三者相制约的约束机制得到建立，有效避免了指挥不统一、管理不到位和投资失控的现象，保证了项目资金的有效配置使用，极大地提高了投资效益。

项目法人责任制在我国的推行与实施是发展社会主义市场经济过程中所采取的一项具有战略意义的重大改革措施，这种制度的实施有利于我国转换项目建设与经营体制，提高投资效益，并有助于在项目建设与经营全过程中运用现代企业制度进行管理，在项目管理模式上实现与国际标准的接轨。项目法人责任制在我国工程项目管理改革史中具有里程碑的意义。

2. 招标投标制

在旧的计划经济体制下，我国工程项目管理体制的一个极大的弊端是政府按投资计划采用行政手段分配工程建设任务，而设计、施工和设备材料供应单位靠行政手段获取建设任务，缺乏必要的竞争机制和经济约束机制，从而严重影响我国工程建设投资的经济效益。

针对以往项目管理体制的缺点，1984 年我国工程建设实行招标投标制。招标投标，是在市场经济条件下进行工程建设项目发包与承包，以及服务项目的采购与提供时所广泛采用的一种竞争性交易方式。在这种交易方式下，采购方通过发布招标公告提供需要采购物品或者服务的相关信息和条件，表明将选择最能够满足采购要求的供应商、承包商与之签订采购合同的意向，由各有意单位提供采购所需货物、工程或服务的报价及其他响应招标

要求的条件，参加投标竞争，最终由招标人依据一定的原则标准从投标方中择优选取中标人，并与其签订采购合同。招投投标制大大激发了同行业各单位间的竞争，增强了中标人的资金控制，减少了发标人不必要的投资，提高了经济效益，符合市场经济的发展原则。

3. 建设监理制

建设监理制指的是对具体的工程项目建设，建设监理单位受项目业主的委托，依据国家批准的工程项目建设文件和工程建设法律、法规和工程建设委托监理合同以及业主所签订的其他工程建设合同，对工程建设进行的监督和管理活动，以实现项目投资的目的。

工程建设监理的主要工作内容包括管理工程建设合同和信息资料，并协调有关各方的工作关系。工程建设监理制的基本模式是委托专业的监理单位代替项目法人对工程项目进行科学、公正和独立的管理。

当前，我国在水利水电建设领域，已深入全面地推行了施工与设备采购方面招标投标制，建设监理制已不再是试点阶段、全面推行阶段，正处于向规范化、科学化、制度化深入发展的阶段。同时，项目法人责任制也已有良好的开端，并在水利水电建设领域迅速全面发展。实践证明，三项建设管理制度改革措施的实行，提高了我国的工程建设管理水平，促进了我国水利水电建设事业的健康发展。

（三）我国水利水电工程建设管理体制的改革

水利水电工程属于国家基础建设项目的范畴。但是，其建设管理体制改革历程的转折点在云南鲁布革水电站工程项目管理改革的成功实践，之后在二滩水电站建设过程中成立的二滩水电开发有限责任公司为管理体制的显著标志，故其整个管理体制的发展大体上可以划分为以下三个阶段：

第一个阶段是传统体制阶段，时间为新中国成立初期至 20 世纪 80 年代初。由于国家实行的是高度集中的计划经济，水利水电工程的建设基本由国家直接下达计划，国家完成从资金的调拨、工程建设队伍的指派以及材料的供应等方方面面的工作，是一种典型的自营式的建设管理体制。丹江口、东风、龚嘴、龙羊峡、刘家峡和葛洲坝等大型水电站都采用此种管理体制建成。

第二个阶段改革开始的标志是 1984 年云南鲁布革水电站引水隧洞采取国际公开招标。鲁布革水电站引水系统工程是我国第一个利用世界银行贷款的工程项目，贷款总额 12 600 万美元，按照世界银行规定，对于利用世界银行贷款的引水系统工程要实行国际竞争性招标，最终日本大成公司以 8 460 万元中标，仅为标底 14 958 万元的 57%，并比合同期提前 5 个月完工。当时，我国在工程建设方面向来是“预算超概算，结算超预算”，鲁布革工程效应促进了我国工程界对工程管理的反思，也引起了我国政府的高度重视，国家1987年相关部门要求全国推广鲁布革经验，全面推行建设管理体制的改革。可以说，该事件有力地冲击了我国工程建设管理的旧体制。

第三个阶段的开始以1995年将二滩水电开发公司改组成为二滩水电开发有限责任公司为标志，由国家开发投资公司、四川省投资公司和四川省电力公司共同投资。在项目前期运作建设过程中，二滩创业者不仅熟悉了国际惯例，而且创造性地运用了“有条件的中标通知书”等，成功实现了与国际惯例的接轨。自此，我国的水电建设管理体制改革进入了建立适应市场经济要求的建设管理体制的新阶段，我们称为现行体制形成阶段，直至今天我们仍在对其进行不断的探索、实践、丰富和完善。

二、水利水电工程项目管理的主导模式

（一）我国常用的工程项目管理模式

自我国加入WTO后，建筑业的竞争从国内单位的竞争转变为国际市场的竞争，为了能尽快融入国际市场，我国政府积极调整和修改了相关政策法规，采用了国际惯用的职业注册制度。在积极改革应对国际竞争、与国际接轨的同时，还将国外一些先进的应用广泛的工程项目管理模式引进了国内。目前，在我国普遍应用的有监理制、代建制和EPC三种工程项目管理模式。

1. 工程建设监理模式

建设监理在国外通称为项目咨询，其站在投资业主的立场上，采用建设工程项目管理的方式对建设工程项目进行综合管理，以实现投资者的目标。目前，我国广泛应用传统模式下、PM模式下及DB模式下工程监理。

工程建设监理制的真正起源是国外的传统（设计—招标—建造）模式，工程建设监理制是指由项目业主委托监理单位对工程项目进行管理，业主可以根据工程项目的具体情况来决定监理工程师的介入时间和介入范围。现阶段我国的工程建设监理主要是对施工阶段的监督管理。

2. 代建制模式

代建制是中国政府投资非经营性项目委托机构进行管理的制度的特定称谓，在国际上并没有这种说法。我国的代建制管理模式最初是由个别地方政府进行试点试运行，后来得到了一定程度的总结，才逐步扩展到全国各地，经历了由点到面、由下到上的过程。

迄今为止，关于代建制统一的标准的定义在学术界和政府机构的规章汇总并没有得到

明确。这里综合各方见解认为，所谓代建制，是针对政府投资的非经营性项目进行公开竞标，选择专业化的项目管理单位作为代建人，负责投资项目建设和施工组织工作，待项目竣工验收后交付给使用单位的工程项目管理模式。

（1）政府投资项目的代建制一般包括政府业主、代建单位和承包商三方主体。一般而言，三者之间的关系形式如下：

①业主分别与其他两方以及设计单位签订相应的合同，业主对设计和施工直接负责，代建单位仅向业主提供管理服务，这种形式类似国外的 PM 模式。

②业主与代建单位签订代建合同，代建单位再分别与设计单位、施工单位签订合同，代建单位向业主提供包括管理服务、全部设计工作以及部分施工任务在内的相关工作，这种形式类似 PMC 模式。

③业主与代建单位之间的代建合同范围广泛，包含从项目设计到施工的全部内容。

（2）代建制的特点

①政府投资的非经营性项目主要采用代建制。一般情况下，往往是政府公共财政来弥补非经营性项目的投资失误，损害了广大纳税人的利益，有损社会公平。通过招标投标方式采用代建制以后，有利于实现项目管理团队的专业化，有效防止出现投资“三超”（概算超估算、预算超概算、结算超预算）、工期拖延等现象，同时项目工程质量也可以得到充分的保证。

②代建制的实施，使政府得以脱离烦琐、具体的工程项目管理工作，从投资主体的角度站在宏观层面上对项目的实施进行调控和监管，提高工程效益。

③代建制模式下建设、管理、使用各环节相互分离，克服了传统模式下政府投资项目“投资、建设、监管、使用”“四位一体”的弊端，有效防止了腐败的滋生，还可有效解决政府项目投资软约束问题。

3. EPC 工程项目管理模式

EPC（Engineering Procurement Construction），是指承包方受业主委托，按照合同约定对工程建设项目的设计、采购、施工等实行全过程或若干阶段的总承包。并对其所承包工程的质量、安全、费用和进度进行负责。

在 EPC 模式中，Engineering 不仅包括具体的设计工作，而且可能包括整个建设工程内容的总体策划以及整个建设工程实施组织管理的策划和具体工作；Procurement 也不是一般意义上的建筑设备材料采购，需要进一步囊括专业设备、材料的采购；Construction 应译为“建设”，其内容包括施工、安装、试测、技术培训等。

PM 模式（项目管理服务模式）：是指专业化的项目管理公司为业主提供专业的项目管

理服务工作，主要是针对项目中的管理过程而言，并不针对项目中创建项目产品的过程。

DB 模式（设计—施工总承包）：是广义工程总承包模式的一种，是指工程总承包企业按照合同约定，承担工程项目的设计和施工，并对承包工程的质量、安全、工期、造价全面负责。

（二）平行发包模式

改革的过程不断进行，我国水利水电工程项目管理逐渐形成了一种平行发包模式，它是在项目法人责任制、招标投标制和建设监理制框架下建立的一种项目管理模式，成为现今水利水电工程项目管理的主导模式。

项目法人责任制首先规范了项目业主的建设行为，其次明确了工程项目的产权以及项目建设的经济及法律职责范围内的责任与义务；招标投标制推动了建筑企业由行政指令方式的承包向市场选择方式的承包转变；建设监理制的推行使得监理单位更有效地对招标承包和合同进行管理，而项目业主又通过合同管理来实现自身对工程项目建设的设想，与此同时，承包单位与业主之间订立的具有法律约束力的经济合同关系，割断了其与上级行政主管部门的联系。

1. 平行发包模式的概念及其基本特点

平行发包模式是指项目业主将工程建设项目进行分解，按照内容分别发包给不同的单位，并与其签订经济合同，通过合同来约定合同双方的责、权、利，从而实现工程建设目标的一种项目管理模式。各个参与方相互之间的关系是平行的。

平行发包模式的基本特点是在政府有关部门的监督管理之下，项目业主合理地对工程建设任务进行分解，然后进行分类综合，确定每个合同的发包内容，从而选择适当的承包商。各承包商向项目业主提供服务，监理单位协助或者受到项目业主的委托，管理和监督工程建设项目标的进行。

与传统模式下的阶段法不同的是，平行发包模式借鉴传统模式下的细致管理和 CM 模式的快速轨道法，在未完成施工图设计的情况下即进行施工承包商的招标，采用有条件的“边设计、边施工”的方法进行工程建设。

2. 平行发包模式的优缺点

无论是在国内还是在国外，平行发包模式都是一种发展得十分成熟的项目管理模式，它的优点是项目业主通过招标投标直接选定各承包人，使业主对工程各方面的把握更细致、更深入，设计变更的处理相对灵活；合同个数较多，合同界面之间存在相互制约关系；由于有隶属不同和专业不同的多家承包单位共同承担同一个建设项目，同时工作作业面增多，施工

空间扩大，总体力量增大，勘察、设计、施工各个建设阶段以及施工各阶段搭接顺畅，有利于缩短项目建设周期。一般对于一些大型的工程建设项目，即投资大、工期比较长、各部分质量标准、专业技术工艺要求不同，又有工期提前的要求，多采用此种模式。

平行发包模式的主要缺点是项目招标工作量增大，业主合同管理任务量大，合同个数和合同界面增多，增加了协调工作量和管理难度，项目实施过程中管理费用高，设计与施工、施工与采购之间相互脱离，需要频繁地进行业主与各个承包商之间的协调工作，工程造价不能达到最优控制状态。招标代理和建设监理等社会化、专业化的项目管理中介服务机构的推行，有助于解决该模式中存在的问题。

三、我国水利水电工程项目管理模式的选择

（一）工程项目管理模式选择的影响因素

在选择工程项目管理模式时，我们必须考虑以下三个要素：工程的特点、业主的要求及建筑市场的总体情况。

1. 工程的特点

在选择工程项目管理模式之初考虑的最主要问题就是工程的特点，其包括工程项目规模、设计深度、工期要求、工程其他的特性等因素。

工程项目规模是工程项目管理模式要考虑的主要因素之一。对于规模较小的工程，如住宅建筑、单层工业厂房等通用性比较强的一般工民建工程，各种模式都可以采用，因为其不但工程结构比较简单，而且比较容易确定设计、施工工作量和工程投资，以及常用施工总承包模式、设计施工总承包模式、项目总承包模式。对于工程规模较大的工程，项目管理模式的选择要在综合分析现有情况的条件下做出。例如，如果具有总承包资质的施工单位很少，不一定能满足招标要求，为防止因投标者过少而导致招标失败，业主可选择分项发包模式；如果业主没有经验，而所从事的工程项目又需要承包商具有专业的技术和经验或者是高新技术项目工程，可以采用设计施工总承包模式、项目总承包模式或者代理型CM模式（Construction Management）：CM模式是在采用快速路径法时，从建设工程的开始阶段就雇用具有施工经验的CM单位（或CM经理）参与到建设工程实施过程中来，以便为设计人员提供施工方面的建议且随后负责管理施工过程。

设计深度也是选择工程项目管理模式要考虑的主要因素之一。如果对于工程的招标需要在初步设计刚完成后就开始，但是业主面临的情况是整个工程施工详图没有完成，甚至没有开始，并不具备施工总包的条件，此时适宜的项目管理模式可以是分项发包模式、详细设计施工总承包模式、咨询代理设计施工总承包模式、CM模式；如果设计图纸比较完

备，能较为准确地估算工程量，可采用施工总承包模式；某些工程在可行性研究完成后就进行招标，可采用传统的设计施工总承包模式。

工期要求也是选择工程项目管理模式要考虑的主要因素之一。大多数工程都对工期有着严格的要求，若工期较短，时间紧促，则可以选择分项发包模式、设计施工总承包模式、项目总承包模式和CM模式，而不能采用施工总承包模式。

此外，工程的复杂程度、业主的管理能力、资金结构以及产权关系等因素对项目管理模式的选择也有一定的影响，必须将以上各种因素综合起来考虑，选择适合的工程项目管理模式，最大限度地、最便捷地达到目标。

2. 业主的要求

工程特点所含的因素中，部分包含业主的要求，因此，这里所指的主要是业主的其他要求，包括自身的偏好、需要达到的投资控制、参与管理的程度、愿意承担的风险大小等。举个例子来说，如果业主具备一定的管理能力，想亲自参与项目管理，控制投资，可以采用分项发包模式；如果业主既希望节约投资又不希望自己太累，就可以采用CM模式，降低自身的工作量。

如果业主时间精力有限，不愿过多地参与项目建设过程，可以优先考虑设计施工总承包模式和项目总承包模式，在这两种模式中，工程项目开展的全部工作交由总承包商承担，业主只负责宏观层面上的管理。然而在这两种模式中，业主要想有效控制项目的质量有一定的难度。因此，这就需要业主采取其他的管理模式来解决项目控制方面的难题。对一些常用的项目管理模式，按业主参与程度由大到小的排列顺序为：分项发包模式、施工总承包模式、CM模式、设计施工总承包模式、项目总承包模式。

如果业主希望控制工程投资，则需要掌控设计阶段的相关决策工作，在此情况下适宜采用分项发包模式、CM模式或者施工总承包模式；若采用设计施工总承包模式和项目总承包模式，业主对设计控制的难度较大。但在施工总承包模式下，由于设计与施工相互脱节，易产生较多的设计变更，不利于项目的设计优化，容易导致较多的合同争议和变更索赔。

随着工程项目的规模越来越大，技术越来越复杂，工程项目所承担的风险也越来越大，因此，业主在工程管理模式的选取时应将此作为一个重要的考虑因素。常见项目管理模式按业主承担的管理风险由大到小的排列顺序为：分项发包模式、非代理型CM模式、代理型CM模式、施工总承包模式、设计施工总承包模式、项目总承包模式。

3. 建筑市场的总体情况

项目管理模式的选择也需要考虑建筑市场的总体情况，因为业主期望开展的相关工程项目在建筑市场上不一定能够找到具有相应承包能力的承包商。例如，像三峡大坝建设这么大的工程，不可能把施工工作全部承包给一个建设单位，因为放眼全国尚没有一家建设单位有能力完成此项目。常见项目管理模式按照对承包商的能力要求从高到低的排序为：项目总承包模式、设计施工总承包模式、代理型 CM 模式、施工总承包模式、非代理型 CM 模式、分项发包模式。

（二）水利水电工程项目管理模式选择的原则

1. 项目法人集中精力做好全局性工作

一般情况下，水利水电工程都具有规模较大、战线长、工程点多、建设管理复杂的特点，这就对项目法人的要求较高，必须能集中精力做好总体的宏观调控。以南水北调工程为例，南水北调东线工程所要通过的河流之多、输水里程之长、设计的参建单位之多、建设管理所遇到的问题之复杂，一般的工程项目管理模式根本不能够适应，因此需要改变传统的项目管理模式，重点做好事关项目全局的决策工作。

2. 坚持“小业主、大咨询”的原则

当前我国经济的快速发展推动了各类工程项目建设，尤其是水利水电工程建设的实施，考虑到水利水电类项目建设规模和专业分工的特点，传统的自营建设模式已不能适应这样的情况。项目法人只有利用市场机制对资源的优化配置作用，采用竞争方式选择优秀的建设单位从事相应的工作，才能按期、高效和优质地完成项目目标。我国历经 20 多年的建设管理体制改革，在各个方面已然取得了一定的成绩，但是“自营制”模式仍然或多或少地制约着人们的思维，“小业主、大监理”的应用范围没有广泛展开就是明证。因此，水利水电工程的工程项目管理需要摆脱旧模式的影响，按照市场经济的生产组织方式，在项目开展的全部过程中充分依靠社会咨询力量，贯彻“小业主、大咨询”的原则，以提高工程项目管理水平和投资效益，精简项目组织。

3. 鼓励工程项目管理创新，与国际惯例接轨

目前，在我国的工程建设项目中，绝大多数的业主都采用建设监理制。在水利水电工程建设的管理上，相关单位需要汲取国际上工程项目管理的先进经验和通行做法，突破传统思维的限制，有所创新，选择项目法人管理工作量小且管理效果好的模式，如 CM 模式。当然，在条件允许的情况下，也可推行一些设计施工总承包模式和施工总承包模式的试点。

4. 合理分担项目风险的原则

在我国的工程项目管理中，项目的相关风险主要由单一主体予以承担。比如在当前大力推行的建设监理制中，项目法人或业主承担了项目的全部风险，而监理单位基本上不承

担任何风险，因此，虽然监理单位和监理工程师是项目管理的主体，却缺少强烈的责任感。在水利水电工程项目管理模式选择中，应加强风险约束机制的建设，使得项目管理主体承担一定的风险，促进项目法人的意图得到项目管理主体的切实贯彻，有效地监管工程的投资、质量和工期。

5. 因地制宜，符合我国的具体国情的原则

目前我国形成了以项目法人责任制、建设监理制和招标投标制为基本框架的建设管理体制。但是大多数的建筑单位依然没有摆脱业务能力单一的现状，能够从事设计、施工、咨询等综合业务的智力密集型企业数量很少，具有从事大型工程项目管理资质、总承包管理能力和设计施工总承包能力的独立建筑单位也几乎没有。因此，在水利水电工程项目管理模式选择时，不能生搬硬套国外的模式，需要结合我国建筑市场的实际情况，因地制宜，建立一套适于中国国情的项目管理模式。

（三）不同规模水利水电工程项目的模式选择

水电站及其他水利水电工程受工程所在地的地形、地质和水文气象条件影响会产生很大的差异，水电站在规模上的差异导致各方面的差异也很大。与中小型水利水电工程相比，大型水利水电工程的工程投资更大、影响更深远、风险更高，因此需要应用更为谨慎、严格、规范的工程管理方式，其采用的工程项目管理模式应与中小型水利水电项目不尽相同。在大型、特大型水利水电项目开发建设中，应该基于现行主导模式，结合投资主体结构的变化和工程实际，对工程项目的建设管理模式开展大胆的创新和实践，真正创造出既能够与国际管理接轨，又能够适应我国水电项目建设情况的项目管理模式。我国的中小型水利水电项目投资正逐步地向以企业投资和民间投资为主转变，故中小型水利水电项目管理模式的选择与民间投资水电项目管理模式的创新就极为相似，大体上可以采用相同的项目管理模式。

（四）不同投资主体的水利水电工程的模式选择

我国水利水电工程的投资主体大致可分为两种：第一种是以国有投资为主体的水利水电开发企业，第二种是以民间投资参股或控股为特征的混合所有制水利水电开发企业。相对于传统的水电投资企业来说，新型水利水电开发企业以现代公司制为特征，具有比较规范和完善的公司治理结构。目前，大型国有企业的业务主要集中在大中型水利水电项目的开发上，而民间或者混合所有制企业的业务主要集中在开发中小型水利水电项目上。由于具有不同的特点、行为方式和业务范围，这两类投资主体应在项目管理模式的选择上不尽相同。

第一类投资主体应在现有主导模式的基础上，逐步将投资和建设相分离。在专业知识和管理能力达到相当水平的条件下，业主可以组建自己的专业化建设管理公司；当业主自身不能完成工程项目管理任务时，可采用招标或者其他方式选择适于承担该工程项目的管理公司。在国际上出现了将设计和施工加以联合的趋势，因此，在开展一些大型或者技术要求复杂、投资量巨大的工程项目时，可以将设计和施工单位组成联合体开展工程总承包，或者对其中的分部分项工程、专业工程开展工程总承包。如果一些大型的企业在经过一段时间的发展壮大后，可以组建相应的具有设计、施工和监理等综合能力的大型公司开展整个工程项目的总承包。

对于民间投资参股或控股的投资主体而言，要想求得更好更快的发展，必须在改革开放的大背景下，加强国际交流，充分吸收国外的项目管理模式的先进经验，并通过自主创新，建立一套适于在我国推广和应用的具有中国特色的水利水电项目管理模式。当这类投资主体具有充足的水电开发专业人才及管理人才，以及相应的技术储备时，可自行组建建设管理机构，充分利用社会现有资源，采用现行主导模式——平行发包模式进行工程项目的开发建设。当项目业主难以组建专业的工程建设管理机构，不能全面有效地对工程项目建设全过程进行控制管理时，可以采取“小业主、大咨询”方式，采用 EPC、PM 或 CM 模式等完成项目的开发任务。

第三节　水利水电工程项目管理模式发展的建议

现今，无论从水电的开工规模还是年投产容量来看，我国都排在世界第一位，成为水利水电建设大国。新中国成立以来，我国水利水电项目管理模式经历了一个曲折的发展过程，正不断地与国际市场接轨，多种国际通行项目管理模式开始发展应用，我国的项目管理取得了巨大的进步，但其仍然发展得不够完善，存在或多或少的问题。针对我国工程项目管理的现状，经过对国际项目管理的研究及对比，笔者对我国水利水电工程项目管理模式的发展提出了以下建议：

一、创建国际型工程公司和项目管理公司

目前在国际和国内工程建设市场呈现出的新特点包括：工程规模的不断扩大带来了工程建设风险的提高；技术的复杂性使得对于施工技术创新更加迫切；国内市场日益国际化，并且竞争的程度日趋激烈；多元化的投资主体；等等。这些特点为我国项目管理模式的发展以及培育我国国际型工程公司和项目管理公司创造了良好的条件。

（一）创建国际型工程公司和项目管理公司的必要性

目前，我国国际型工程公司和项目管理公司的创建有着充分的必要性，主要体现在以下三点：

1. 深化我国水电建设管理体制改革的客观需要

在我国水电建设管理体制改革不断取得成绩的大前提下，无论从主观上还是客观上讲，我国的设计、施工、咨询监理等企业都已具备向国际工程公司或项目管理公司转变的条件。在主观上，通过各项目的实践，各大企业也已认识到企业职能单一化的局限性，部分企业已开始转变观念，承担一些工程总承包或项目管理任务，相应地调整组织机构。在客观上，业主充分认识到了项目管理的重要性，越来越多的业主，特别是以外资或民间投资作为主体的业主，都要求承包商采用符合国际惯例的通行模式进行工程项目管理。

2. 与国际接轨的必然要求

我国想要实现与国际的统一，而一些国际通行的工程项目管理模式如 PMC（Project Management Contract）模式是由业主通过招标的方式聘请一家有实力的项目管理承包商，对项目全过程进行集成化管理。都必须依赖有实力的国际型工程公司和项目管理公司来实现。国际工程师联合会于 1999 年推出了四种标准合同范本，包含了适用于不同模式的合同，其中就有适用于 DB 模式的设计施工合同条件、适用于 EPC 模式的合同条件等。我国的企业必须采用世界通行的项目管理模式，顺应这一国际潮流，才有可能在国际工程承包市场上获得较大较快的发展，才有可能实现“走出去”的发展战略。

3. 壮大我国水利水电工程承包企业综合实力的必然选择

现今我国水利水电行业的工程现状是：设计、施工和监理单位各自为政，只完成自己专业内的相关工作，设计与施工没有搭接，监理与咨询服务没有联系，不利于工程项目的投资控制和工期控制。

目前我国是世界水利水电建设的中心，有必要借助水利水电大发展的有利时机，学习和借鉴国际工程公司和项目管理公司成功的经验，通过兼并、联合、重组、改造等方式，加强建设企业之间资源的整合，促使一批大型的工程公司和项目管理公司成长壮大起来，它们自身具有设计、施工和采购综合能力，能够为项目业主提供工程建设全过程技术咨询和管理服务。综上所述，我国有必要创建一批国际型工程公司和项目管理公司，使其成为能够增强我国现有国际竞争力的大型工程承包企业。

（二）创建国际型工程公司和项目管理公司的发展模式

我国的水利水电建设工程排在世界第一位，我国创建和发展自己的具有一定市场竞争

能力的国际型工程公司已经刻不容缓。对于一个企业来说，竞争能力是重中之重，因此，我国的水利水电工程承包企业有必要通过整合、重组来改善组织结构，培育和发展出一批能够适应国际市场要求的国际型工程公司和项目管理公司。这些公司能够为业主提供从项目可行性分析到项目设计、采购、施工、项目管理及试运行等多阶段或全阶段的全方位服务。

目前，我国工程总承包的主体多种多样，这些主体单位包括设计单位、施工单位、设计与施工联合体以及监理、咨询单位为项目管理承包主体等多种模式。由于承包主体社会角色和经济属性的不同，决定了其在工程总承包和项目管理中所产生的作用和取得的效果也不尽相同，进而产生了几种可供创建国际型工程公司和项目管理公司选择的发展方式，具体陈述如下：

1. **大型设计单位自我改造成为国际型工程公司**

以设计单位作为工程总承包主体的工程公司模式，就是设计单位按照当前国际工程公司的通行做法，在单位内部建立、健全适应工程总承包的组织机构，完成向具有工程总承包能力的国际型工程公司的转变。大型设计单位拥有的监理或咨询公司一般也具备一定的项目管理能力，因此，大型设计单位的自我改造是设计单位实现向工程公司转变的一种很好的方式，只须进行稍微的重组改造，即能为项目业主提供全面服务。大型设计单位向综合方向发展，成为具备项目咨询、设计、采购、施工管理能力的国际型工程公司，形成以设计为主导、以项目管理为基础的工程总承包。

目前我国普遍存在的情况是国内许多设计单位业务能力单一，普遍缺乏施工和项目管理经验以及处理实际工程项目问题的应变能力，尤其在大型复杂项目的综合协调和全面把握中，这将成为阻碍设计单位转型的制约因素。近年来，虽然我国一些大型水电勘测设计单位都提出了向国际型工程公司转变的发展目标，但是现阶段大中型水电站勘测设计任务繁重，尚没有时间和精力向国际型工程公司的转变方面展开实质性工作，设计单位开展工程总承包业务时还普遍面临着管理知识缺乏、专业人才短缺和社会认可度偏低的问题，也亟须提高其自身的项目管理水平。

2. **大型施工单位兼并组合发展成为工程公司**

可以说，在改革开放这么多年里，我国水利水电事业得到了迅猛发展，许多水利水电施工单位也得到了锻炼和成长，积累了相当多的工程经验，其中的一些大型水利水电施工单位不仅成为我国国内水利水电施工的主体，同时也是开拓国际水利水电承包市场的主导力量，它们除了具有强大的施工能力和施工管理能力，也具备一定的项目管理能力。但相对国际水平而言，国内相关单位虽然施工能力很强，但是也不可避免地会存在一些缺点和不足，如勘察、设计和咨询能力不足，不能够为项目业主提供全方位高层次的咨询与管理服务；在对工程项目开展优化设计、控制工程投资和工期方面能力很弱。针对这些问题，通过兼并一些勘察、设计和咨询能力较强的中小设计单位，弥补自身在此方面的缺陷，在残酷的市场环境中走向壮大，顺利发展成为大型的综合性工程公司。

3. 咨询监理单位发展成项目管理公司

咨询、监理单位本身就是从事项目管理工作，通过它们之间的兼并组合或者对自身进行改造，形成实力较强的大型项目管理公司，为项目业主提供项目咨询和项目管理服务。我国水利水电咨询监理单位的组建方式多种多样，主要组建方式包括项目业主组建、设计单位组建、施工单位组建、民营企业组建以及科研院校组建等。但是这些单位具有一些共同的特点：组建时间不长，人员综合素质较高，单位的资金实力较弱，服务范围较窄等。如果由这些单位承担工程总承包，则一定具有较高的现场管理水平，具备一定的综合管理和协调能力，但是普遍缺乏高水平的设计人员，加上自身不具备资金实力，所以很难有效地控制工程项目建设过程中的各种风险。因此，可以把监理、咨询单位中一些有实力的单位兼并重组为能够从事工程项目管理服务的大型项目管理公司，在大型水利水电项目建设中提供诸如 PMC 等形式的管理服务。

4. 大型设计单位与施工单位联合组建工程公司

所谓大型设计和施工单位联合组建工程公司，是指将大型设计与施工单位进行重组或改造，组建具有项目全阶段、全方位能力的工程公司，这种工程公司的水平最高，能够进行各种项目管理模式的组合。虽然通过这种方式组建工程公司的难度很大、成本很高，但这是利用现有资源创建我国最具竞争力的国际型工程公司的最佳途径。因为设计施工的组合属于强强联合，双方优势互补，不但设计单位在项目设计方面的专业和技术优势得到了充分发挥，而且将设计与施工进行紧密结合，便于综合控制工程质量、进度、投资和促进设计的优化和技术的革新，这样也有利于进一步提升企业的综合竞争力，使工程公司到国际工程承包市场上去承建更多、更大的工程总承包项目。这种创建工程公司的方式将是我国未来一个阶段发展的重点。

鉴于我国现阶段设计与施工相分离的实际情况，国际型工程公司的组建可以分为两个步骤：第一步，由设计和施工单位组成项目联合体共同投标并参与工程项目总承包管理。目前，在我国水利水电工程投标中，较为常见的是由不同施工单位组成的联合体共同参与投标，设计单位与施工单位之间联合投标的情况很少见，这种现象的出现主要是由于我国水利水电建设中这种模式应用得较少，以及该领域中详细的招标条件不成熟。国家大力倡导在水利水电工程领域采用工程总承包和项目管理模式，有必要支持部分项目业主采用工

程总承包模式进行招标，鼓励投标人采取设计与施工联营的方式进行投标，逐步培养和发展工程总承包和项目管理服务意识。一般情况下，联营分为法人型联营、合伙型联营和协作型联营三种形式。目前我国国内水利水电企业之间采用较多的是合伙型联营和协作型联营。未来我国水利水电企业之间联合发展的初期应该是法人型联营，为其最终发展成设计与施工联合型工程公司打下基础。第二步，当工程总承包和项目管理服务的发展较为成熟，成为水利水电建设中的常见模式时，则可以实施将设计与施工单位重组或改造成为大型的项目管理公司，彻底改变设计与施工分割的局面。

5. 中小型企业发展成为专业承包公司

对于中小型的施工单位和设计单位，应扬长避短，突出自身的专长，发展成为专业性承包公司，除了进行自主开发经营外，还可以在大型和复杂的工程项目中配合大型工程公司完成。

6. 发展具有核心竞争力的大型工程公司和项目管理公司

企业项目管理水平的高低直接体现了一个水利水电工程承包单位的核心竞争力，而企业的项目管理水平具体体现在管理体制、管理模式、经营方法、运营机制等方面，以及由此而带来的规模经济效益。

我国已成为世界水利水电建设的中心，然而我国的水利水电工程承包企业无论是营业额、企业规模，还是企业运作机制等方面，及其国际国内工程承包能力却远远比不上国际先进的排名前几位的工程公司，且有着巨大的差距，这与我国世界水利水电建设的中心地位极不相符。因此，我国必须加大投入，培育并提高企业的核心竞争力，发展一批具有国际竞争力的大型工程公司和项目管理公司。

二、我国水利水电工程项目管理模式的选择

（一）推广 EPC（工程总承包）模式

工程总承包模式早已在国际建筑界广泛采用，有大量的实践经验，在我国积极推行工程总承包将会产生一系列积极有效的作用：它有利于深化我国对工程建设项目组织实施方式的改革，提高我国工程建设管理水平，可以有效地对项目进行投资和质量控制，规范建筑市场秩序，有利于增强勘察、设计、施工、监理单位的综合实力，调整企业经营结构，可以加快与国际工程项目管理模式接轨的进程，适应社会主义市场经济发展和加入 WTO 后新形势的要求。

EPC 模式在我国水利水电建设的实践中收到了明显的效果，如白水江梯级电站项目，

由九寨沟水电开发有限公司进行设计、采购、施工总承包，避免了业主新组建的项目管理班子不熟悉工程建设的问题，最终在项目建设的过程中确定了工程的总投资、工期以及工程质量。水利水电工程中采用EPC模式也存在一些问题，例如业主的主动性变弱，承包商就承担了更多风险，而且其风险承担能力较低等。对于水利水电工程来说，易受地质条件和物价变动、建设周期长、投资大等因素影响，对于该模式应用条件的研究就显得很有必要，因此笔者提出了在推行EPC模式的过程中应注意的一些问题。

1. 清晰界定总承包的合同范围

水电工程总承包合同中的合同项目及费用大多是按照概算列项的，为了避免增加费用和工期损失，应在合同中明确水电工程初步设计概算中包括项目的具体范围。在水利水电工程项目实施过程中，总承包商有可能会遇到这样一种情况：业主会要求其完成一些在工程设计中没有包括的项目，而这些项目又没有明确地在合同中予以确定，最终导致总承包工程费用增加，损害总承包商的利益。如白水江黑河塘水电站建设中，在工程概算中没有包括库区公路的防护设施、闸坝及厂区的地方电源供电系统，在总承包合同中所列项目也没有明确，最终导致了总承包商的费用损失。

2. 确定合理的总承包合同价格

在水利水电工程EPC模式中，总承包商的固定合同价格并不是按照初步设计概算的投资来产生的，因为业主还会要求总承包商在其基础上“打折”，由此承包商面临的风险大大增加。

（1）概算编制规定的风险

按照行业的编制规定，编制的水利水电工程概算若干年调整一次。若总承包单位采用的是执行多年但又没有经过修订的编制预算，最后造成了工程预算与实际情况不符。如黑河塘水电站工程概算按1997年的编规编制，但其中依照编规计列的工程监理费却低于市场价格水平，导致总承包商的利益受损。

（2）市场价格的风险

考虑到水电工程周期长，在工程建设期间总承包商需要充分考虑材料和设备价格的上涨，最大限度地避免因此造成的损失和增加的风险。比如黑河塘水电站工程实施期间，国家发改委公布的成品油价格上涨了近40%，又比如双河水电站开工建设后半年，铜的价格上涨了100%，这些都应在总承包商的考虑范围内。

（3）现场状况的不确定性和未知困难的风险

水利水电工程建设中，可能遇到较大的地质条件变化及很多未知的困难，根据概算编制规定，一般水电工程在基本预备费不足的情况下是可以调整概算的，但按照EPC合同

的相关条件，EPC 总承包商必须自己承担这样的风险。因此，一旦发生工程项目概算调整时，固定价格总承包将会给总承包商带来巨额的亏损并造成工期的延误。这些都加大了总承包商承担的风险，总承包商在订立合同价格时应更加谨慎，充分了解项目工程情况，综合分析其潜在的风险，并就其与业主进行沟通和协商，以便最终能够达到获利要求的合同价格。同时，承包商可以根据风险共担的原则，在与业主签订合同时，明确规定一旦发生上述的风险时，双方应就最初的固定价格总承包展开磋商，以降低自身的风险。

3. 施工分包合同方式

EPC 总承包的要旨是在项目实施过程中“边设计、边施工”，这样便于达到降低造价、缩短工期的目的。而水利水电工程在进行施工招标时，设计的进展并不完全能够达到施工的要求，因此，在实际施工中更容易发生变更，导致分包的施工承包商的索赔。因此，笔者认为，采用成本加酬金的合同方式，比以单价合同结算方式的施工合同更能适应水电工程 EPC 总承包方式，但到目前为止，我国水利水电行业尚没有相应的施工合同条件适应此类 EPC 总承包模式。

（二）实施 PM（项目管理）模式

近年来，国内项目管理的范围、深度和水平在不断提高。各行业，包含煤炭、化工、石油天然气、轻工、电力、公路、铁路等，均有先进的项目管理模式出现。反观我国水电行业，在实施项目管理、进行工程建设方面大大落后了，我们更应该面对现实，准确定位，找出差距，学习国内其他工程行业的先进经验，奋起直追。

1. PM 模式的优势

PM 模式相对于我国传统的基建指挥部建设管理模式主要具备以下三点优势：

（1）有助于提高建设期整个项目管理的水平，确保项目如期保质保量完成

长期以来，我国工程建设所采用的业主指挥部模式主要是因项目开展的需要而临时建立的，随着项目完工交付使用指挥部也就随之解散。这样一种模式使其缺乏连续性，业主不能够在实际的工程项目中累积相应的建设管理经验和提高对于工程项目的管理水平，达到专业化更是遥不可及。针对指挥部模式的种种弊端，工程建设领域引入一系列国外先进的建设管理模式，而 PM 模式便是其中之一。

（2）有利于帮助业主节约项目投资

业主在签订合同之初，在合同中就明确规定了在节约了工程项目投资的情况下可以给予相应比例的奖励，这就促使 PM 模式在确保项目质量、工期等目标的前提下，尽量为业主节约投资。PM 模式一般从设计开始就全面介入项目管理，从基础设计开始，本着节约

和优化的方针进行控制，降低项目采购、施工、运行等后续阶段的投资和费用，实现项目全寿命期成本最低的目标。

（3）有利于精简业主建设期管理机构

在大型工程项目中，组建指挥部需要的人数众多，建立的管理机构层次复杂，在工程项目完成后富余人员的安置也将是一个棘手的问题。而在工程建设期间，项目管理单位会根据项目的特点组成相应的组织机构协助业主进行项目管理工作，这样的机构简洁高效，极大地减少了业主的负担。

2. ***水利水电工程实施PM模式的必要性***

（1）这是国际国内激烈的市场竞争对我国项目管理能力和水平的要求。在我国加入WTO以后，国内的市场逐步向外开放，同时近几年不断发展的国内经济，使得中国这个巨大的市场引起了全球的关注，大量的外国资本涌入中国，市场竞争日趋激烈。许多世界知名的国际型工程公司和项目管理公司瞄上了中国这块大蛋糕，纷纷进入中国市场，在国内传统的工程企业面前，它们的优势十分明显：优秀的项目管理能力、超前的服务意识、丰富的管理经验和雄厚的经济实力。这使得在国内大型项目竞标中，国内企业难以望其项背。许多国内工程公司认识到了这个差距，并积极通过引进和实施PM模式，来提升自身的能力和水平。

（2）PM模式的实施也是引入先进的现代项目管理模式、达到国际化项目管理水平的重要途径之一。实现现代化工程项目管理具有以下五个基本要素：

①前提是不断在实践中引入国际化项目管理模式，但是不能单纯地引进，要对其改进，寻求并发展符合我国国情的现代项目管理理论。

②关键在于招致和培养各专业的高素质专业人才。

③必要条件是计算机技术的支持，需要开发和完善计算机集成项目管理信息系统。

④组建专业的、高效的、合理的管理机构，这是实现现代化项目管理的保证。

⑤最根本的基础在于建立完善的项目管理体系。

而PM模式正好具备以上五个特性，PM模式也因此显示出了强大的生命力。我们可以通过实施PM模式的水利水电项目，为我国水利水电建设进行先进的项目管理模式的探索。

（3）PM模式能够适应水利水电工程的项目特点。水利水电工程一般都具有以下特点：环境及地质条件复杂、体量庞大、投资多、工程周期长、变更多等，这些就更需要具有丰富经验和实力的项目管理公司对水利水电项目的建设过程进行PM模式的管理，服务于业主，切实有效实施投资控制、质量控制和进度控制，实现业主的预期目标。这样可以

使业主不必过于考虑建设过程细节上烦琐的管理工作，把自己的时间和精力放在履行好关键事件的决策、建设资金的筹措等职责上。

（三）推行CM（建筑工程管理）模式

CM模式已经在国际建筑市场上有了近40年的历史，经实践经验证明这种模式在整个工程控制和管理上有一定的特色，尤其是在信息管理、投资、进度、质量控制及组织协调等方面，是一种值得我国学习和借鉴的新型工程项目管理模式。我国也有某些大型工程引进CM模式，上海证券大厦项目是第一个引入该模式的大型民用建筑项目，但我国水利水电工程方面还没有引入应用过CM模式的项目。如果要在水利水电工程建设管理中引进CM模式，就必须分析CM模式的特点及其适用范围，并与已经被人们熟知的较为成熟的项目管理模式进行比较，同时结合国内水利水电工程项目的实际情况进行改进。

1. 将CM模式引入我国水利水电项目管理中的原因

（1）经过不断发展，我国的水利水电工程从勘测、设计到施工都具备了一定的经验，为缩短施工周期，多数的水利水电工程都采用“边设计、边施工”的方式进行建设，但是这种方法没有“快速轨道法”科学，“快速轨道法”也能够更加合理地确定施工合同价格。

（2）CM模式中的CM承包商能够协助业主完成复杂的大型工程的项目管理工作，而通常水利水电工程都存在工程技术复杂、人员及合同管理工作量大的特点。

（3）水利水电工程由于工程大、环境复杂，因此变更较多，而采用CM模式能使CM承包商早期介入设计过程，对设计提出可施工性的合理建议，使设计和施工相结合，使设计人员深入了解水利水电工程施工过程，减少设计变更，从而减少合同执行过程中的索赔纠纷，使工程顺利进行。

（4）采用CM模式可以使业主精简职能部门，压缩工作人员，节约支出。业主可以随时检查CM承包商和分包商之间签订的合同，各方之间的合作关系公开透明。同时，CM承包商承担GMP（最大工程费用）保证，也利于业主控制工程项目总投资。

（5）随着我国水利水电工程的不断发展，形成了一大批专业的施工能力和管理能力很强的团队，他们具有发展成为CM承包商的素质和基础。

基于以上分析，CM模式比较适合应用于我国水利水电项目的工程管理，且有较大的发展空间，有望改变我国现今的水利水电项目管理状况。

2. 在我国水利水电工程发展CM模式应注意的问题

（1）从法律法规上规定CM模式，承认其合法性

现今我国有关水利水电工程的项目管理模式得到相关法律法规认可的主要包括施工总

承包及工程建设总承包，而且，建设法规中规定在工程建设中须完成施工图设计后才能进行工程招标投标，这也对 CM 模式“边设计、边施工”的特点形成了阻力。因此，为了更好地推广 CM 模式，建设机关有必要推出相关的试行条例。

（2）CM 模式的适用性

每种工程项目管理模式都有一定的特性和适用性，不存在某一种模式可以通用于任何工程，CM 模式虽然是一种较为新型的项目管理模式，有强大的发展力，但它一般适宜于较复杂的大型项目，不适宜于常规的水利水电工程。另外，如果采用代理型 CM 模式，签订合同时没有规定 CM 承包商保证最大工程费用，业主就要承担较大的投资风险，需要业主提升自身的投资控制能力。

（3）注意 CM 单位与工程监理的职能划分

现今我国实行工程监理制，工程监理代表建设单位，依照有关法律、行政法规及有关的技术标准、设计文件和工程承包合同，对承包单位在施工质量、工期和资金使用等方面进行监督，其职能在某些地方与 CM 单位形成冲突。因此，针对我国目前工程监理开展的工作情况，在发展 CM 模式时，可以发挥工程监理的优势，令其完成在施工阶段的质量控制，CM 单位则掌控全局，主要进行协调进度和投资控制。

（4）发展专业的国际化的水利水电工程 CM 公司

虽然我国的工程项目管理水平难以与国际水平相比，但经过鲁布革和三峡等大型水利水电工程管理的实践，我国也形成了一批具有一定经验的水利水电工程建设公司，可以选择在这些公司中进行有目的的培育，培养专业人才，使其能够尽快具备 CM 管理的素质和能力，并在国际水利水电市场中提高竞争力，且占据一席之地，使我国水利水电事业踏上一个新的台阶。

第四章　水利水电工程建设准备阶段管理

第一节　施工项目部建设

一、施工项目管理的组织

水利工程项目的实施除项目法人外，还有设计单位、施工单位、供货单位和工程管理咨询单位以及有关的政府质量与安全监督部门等，项目组织应注意协调项目法人以及项目的参与单位有关的各工作部门之间的组织关系。

二、施工项目负责人

（一）对施工项目负责人的要求

施工项目负责人，是指参加全国一级或二级建造师水利水电工程专业考试通过，经注册取得相应执业资格，同时经安全考核合格，具有有效安全考核合格证（B证），并具有一定数量的类似工程经历，受施工企业法定代表人委托对工程项目施工过程全面负责的项目管理者，是施工企业法定代表人在工程项目上的代表人。

根据水利部关于招标投标和住建部水利水电工程建造师执业范围划分的有关要求，项目负责人应由本单位的水利水电工程专业注册建造师担任。除执业资格要求外，项目负责人还必须有一定数量类似工程业绩，且具备有效的安全生产考核合格证书。资格审查文件应提交项目负责人属于本单位人员的相关证明材料，安全生产许可证应在有效期内，且没有被吊销等。属于本单位人员必须同时满足以下条件：

一是聘任合同必须由投标人单位与之签订；

二是与投标人单位有合法的工资关系；

三是投标人单位为其办理社会保险关系，或具有其他有效证明其为本单位人员身份的文件。

水库和防洪工程按工程等别划分；堤防工程、灌溉渠道或排水沟和灌排建筑物三类工程不分等别，因此其执业工程规模标准根据其级别来确定；农村饮水、河湖整治、水土保持、环境保护及其他五类工程的规模标准以投资额划分。

（二）施工项目负责人的职责

施工项目负责人在承担水利工程项目施工的管理过程中，应当按照施工企业与建设单位签订的工程承包合同，与本企业法定代表人签订项目承包合同，并在企业法定代表人授权范围内，组织项目管理班子；以企业法定代表人的代表身份处理与所承担的工程项目有关的外部关系，受托签署有关合同；指挥工程项目建设的生产经营活动，调配并管理进入工程项目的人力、资金、物资、施工设备等生产要素；选择施工作业队伍；进行合理的经济分配以及企业法定代表人授予的其他管理权力。

施工项目负责人不仅要考虑项目的利益，还应服从企业的整体利益。项目负责人的任务包括项目的行政管理和项目管理两个方面。项目负责人应对施工工程项目进行组织管理、计划管理、施工及技术管理、质量管理、资源管理、安全文明施工管理、外联协调管理、竣工交验管理。

一是加强工程管理，确保工程按质按期完成，并最大限度地降低工程成本，节约投资。

二是项目负责人在施工企业工程部经理的领导下，主要负责对工程施工现场的施工组织管理。通过施工过程中对项目部、施工队伍的现场组织管理及与甲方、监理、总包各方的协调，从而实现工程总目标。

三是认真贯彻执行公司的各项管理规章制度，逐级建立健全项目部各项管理规章制度。

四是项目负责人是建筑施工企业的基层领导者和施工生产指挥者，对工程的全面工作负有直接责任。

五是项目负责人应对项目工程进行组织管理、计划管理、施工及技术管理、质量管理、资源管理、安全文明施工管理、外联协调管理、验收管理。

六是组织做好工程施工准备工作，对工程现场施工进行全面管理，完成公司下达的施工生产任务及各项主要工程技术经济指标。

七是组织编制工程施工组织设计，组织并进行施工技术交底。

八是组织编制工程施工进度计划，做好工程施工进度实施安排，确保工程施工进度按合同要求完成。

九是抓好工程施工质量及材料质量的管理，保证工程施工质量，争创优质工程，树立

公司形象，对用户负责。

十是对施工安全生产负责，重视安全施工，抓好安全施工教育、加强现场管理，保证现场施工安全。

十一是组织落实施工组织设计中安全技术措施，组织并监督工程施工中安全技术交底和设备设施验收制度的实施。

十二是对施工现场定期进行安全生产检查，发现施工生产中不安全问题，组织制定措施并及时解决。对上级提出的安全生产与管理方面的问题要定时、定人、定措施予以解决。

十三是发生质量、安全事故，要做好现场保护与抢救工作并及时上报，组织配合事故的调查，认真落实制定的防范措施，吸取事故教训。

十四是重视文明施工、环境保护及职业健康工作的开展，积极创建文明施工、环境保护及职业健康，创建文明工地。

十五是勤俭办事，反对浪费，厉行节约，加强对原材料机具、劳动力的管理，努力降低工程成本。

十六是建立健全和完善用工管埋手续，外包队使用必须及时向有关部门申报。严格用工制度与管理，适时组织上岗安全教育，对外包队的健康与安全负责，加强劳动保护工作。

十七是组织处理工程变更洽商，组织处理工程事故及问题纠纷协调、组织工程自检、配合甲方阶段性检查验收及工程验收、组织做好工程撤场善后处理。

十八是组织做好工程资料台账的收集、整理、建档、交验规范化管理。

十九是树立“公司利益第一”的宗旨，维护公司的形象与声誉，洁身自律，杜绝一切违法行为的发生。

二十是协助配合公司其他部门进行相关业务工作。

二十一是完成施工企业交办的其他工作。

三、施工项目部建立

（一）建立施工项目领导机构

根据工程规模、结构特点和复杂程度，确定施工项目领导机构的人选和名额；遵循合理分工与密切协作、因事设职与因职选人的原则，建立有施工经验、有开拓精神和工作效率高的施工项目领导机构。除项目负责人和技术负责人外，还应配备一定数量的施工员、质检员、材料员、资料员、安全员、造价员等职业岗位人员。各岗位人员应各负其责，负责施工技术管理工作。其中，项目负责人、技术负责人、财务负责人、质量管理人员、安全管理人员必须为本单位人员。

水利部建设与管理部门和中国水利工程协会规定了相应的考核办法及管理办法项目负责人、安全管理人员以及安全部门负责人必须取得有效的安全考核合格证。

（二）建立精干的施工队伍

根据施工项目部的组织方式，确定合理的劳动组织，建立相应的专业或混合工作队或班组，并建立岗位责任制和考核办法。垂直运输机械作业人员、安装拆卸工、爆破作业人员、起重信号工、登高架设作业人员等特种作业人员，必须按照国家有关规定经过专门的安全作业培训，并取得特种作业操作资格证书后，方可上岗作业。

按照开工日期和劳动力需要量计划，组织工人进场，安排好职工生活，并进行项目部和班组二级安全教育，以及防火和文明施工等教育。

（三）做好技术交底工作

为落实施工计划和技术责任制，应按管理系统逐级进行交底。交底内容通常包括：工程施工进度计划和月、旬作业计划；各项安全技术措施、降低成本措施和质量保证措施；质量标准和验收规范要求；设计变更和技术核定事项等。以上内容都应详细交底，必要时进行现场示范。例如，进行三级、特级、悬空高处作业时，在事先制定专项安全技术措施施工前，应向所有施工人员进行技术交底。

（四）建立健全各项规章制度

建立健全各项规章制度。规章制度主要包括：项目管理人员岗位责任制度，项目技术管理制度，项目质量管理制度，项目安全管理制度，项目计划、统计与进度管理制度，项目成本核算制度，项目材料和机械设备管理制度，项目现场管理制度，项目分配与奖励制度，项目例会及施工日志制度，项目分包及劳务管理制度，项目组织协调制度，以及项目信息管理制度。

第二节　施工项目技术准备

一、编制施工技术方案和计划

项目负责人和技术负责人应组织技术岗位管理人员编制合同项目的施工技术方案，包括施工组织设计和专项安全措施方案（附验算结果），报监理机构审批。

根据《水利工程建设安全生产管理规定》的规定，施工单位应当在施工组织设计中编制安全技术措施和施工现场临时用电方案，对达到一定规模的危险性较大的工程应当编制专项施工方案，并附具安全验算结果，经施工单位技术负责人签字以及总监理工程师核签后实施。

同时，根据施工技术方案编制施工进度计划；再根据施工进度计划和签订的施工合同的相关要求，编制施工用图计划、施工资金流量计划、施工材料及设备供应计划等。如果施工单位要分包非主体结构项目，还应报审分包人资质、经验、能力、信誉、财务，主要人员经历等资料。

二、工程预付款申报

预付款用于承包人为合同工程施工购置材料、工程设备、施工设备、修建临时设施以及组织施工队伍进场等，分为工程预付款和工程材料预付款。预付款必须专用于合同工程。《水利水电工程标准施工招标文件》的合同条件规定如下：

（一）工程预付款的额度和预付办法

一般工程预付款为签约合同价的10%，分两次支付，招标项目包含大宗设备采购的可适当提高，但不宜超过20%。

（二）工程预付款担保

一是承包人在第一次收到工程预付款的同时须提交等额的工程预付款保函（担保）。

二是第二次工程预付款保函可用承包人进入工地的主要设备（其估算价值已达到第二次预付款金额）代替。

三是工程预付款担保的担保金额可根据工程预付款扣回的金额相应递减。

三、熟悉和审查施工图纸

（一）熟悉、审查设计图纸的内容

一是审查拟建工程的总平面图水工建筑物或构筑物的设计功能与使用要求。

二是审查设计图纸是否完整、齐全，以及设计图纸和资料是否符合国家有关工程建设的设计、施工方面的方针与政策。

三是审查设计图纸与说明书在内容上是否一致，以及设计图纸与其各组成部分之间有无矛盾和错误。

四是审查建筑总平面图与其他结构图在几何尺寸、坐标、标高、说明等方面是否一致，技术要求是否正确。

五是审查工业项目的生产工艺流程和技术要求，掌握配套投产的先后次序和相互关系，以及设备安装图纸与其相配合的土建施工图纸在坐标、标高上是否一致，掌握土建施工质量是否满足设备安装的要求。

六是审查地基处理与基础设计同拟建工程地点的工程水文、地质等条件是否一致，以及建筑物或构筑物与地下建筑物或构筑物、管线之间的关系。

七是明确拟建工程的结构形式和特点，复核主要承重结构的强度、刚度和稳定性是否满足要求，重点审查设计图纸中的工程复杂、施工难度大和技术要求高的分部分项工程或新结构、新材料、新工艺，检查现有施工技术水平和管理水平能否满足工期与质量要求，并采取可行的技术措施加以保证。

八是明确建设期限、分期分批投产或交付使用的顺序和时间，以及工程所需主要材料、设备的数量、规格、来源和供货日期。

九是明确建设、设计和施工等单位之间的协作、配合关系，以及建设单位可以提供的施工条件。

（二）熟悉、审查设计图纸的程序

熟悉、审查设计图纸的程序通常分为自审阶段、会审阶段和现场签证三个阶段。

1. 设计图纸的自审阶段

图纸自审由施工单位主持，主要是对设计图纸的疑问和对设计图纸的有关建议等，并写出图纸自审记录。

2. 设计图纸的会审阶段

一般由建设单位主持，由设计单位、施工单位和监理单位参加，四方共同进行设计图

纸的会审。图纸会审时，首先，由设计单位的工程主设计人向与会者说明拟建工程的设计依据、意图、功能及对特殊结构、新材料、新工艺、新技术的应用和要求；其次，施工单位根据自审记录以及对设计意图的理解，提出对设计图纸的疑问和建议；最后，在统一认识的基础上，对所探讨的问题逐一地做好记录，形成“图纸会审纪要”，由建设单位正式行文，参加单位共同会签、盖章，作为与设计文件同时使用的技术文件和指导施工的依据，以及建设单位与施工单位进行工程结算的依据。

3. 设计图纸的现场签证阶段

在拟建工程施工的过程中，如果发现施工的条件与设计图纸的条件不符，或者发现图纸中仍然有错误，或者因为材料的规格、质量不能满足设计要求，或者因为施工单位提出了合理化建议，需要对设计图纸进行及时修订时，应遵循技术核定和设计变更的签证制度，进行图纸的施工现场签证。如果设计变更的内容对拟建工程的规模、投资影响较大，要报请项目的原批准单位批准。在施工现场的图纸修改、技术核定和设计变更资料，都要有正式的文字记录，归入拟建工程施工档案，作为指导施工、工程结算和竣工验收的依据。

四、原始资料调查分析

（一）自然条件调查分析

自然条件调查分析包括施工场地所在地区的气象、地形、地质和水文、施工现场地上和地下障碍物状况、周围民宅的坚固程度及周边居民的健康状况等多项调查。自然条件调查分析为编制施工现场的“四通一平”计划提供依据。

（二）技术经济条件调查分析

技术经济条件调查主要包括地方建筑生产企业情况，地方资源情况，交通运输条件，水、电和其他动力条件，主要设备、材料和特殊物资供应情况，参加施工的各单位（含分包）生产能力情况等项调查。

五、编制施工预算

施工预算是根据中标后的合同价、施工图纸、施工组织设计或施工方案、施工定额等文件进行编制的，它直接受中标后合同价的控制。它是施工企业内部控制各项成本支出、考核用工、“两价”对比、签发施工任务单、限额领料和进行基层经济核算的依据。

第三节　施工现场准备

一、施工现场平面布置

施工现场平面布置图是拟建项目施工场地的总布置图，是施工组织设计的重要组成部分。它是根据工程特点和施工条件，对施工场地上拟建的永久建筑物、施工辅助设施和临时设施等进行平面和高程上的布置。施工现场的布置应在全面了解掌握枢纽布置、主体建筑物的特点及其他自然条件等基础上，合理地组织和利用施工现场，妥善处理施工场地内外交通规划，使各项施工设施和临时设施能最有效地为工程服务，以保证施工质量、加快施工进度、提高经济效益，也为文明施工、节约土地、减少临时设施费用创造条件。另外，将施工现场的布置成果标在一定比例尺的施工地区地形图上，就构成施工现场布置图。绘制的比例一般为1：1000或者1：2000。

（一）施工总布置的内容

施工总布置主要有以下内容：

一是配合选择对外运输方案，选择场内运输方式以及两岸交通联系的方式，布置线路，确定渡口、桥梁位置，组织场内运输。

二是选择合适的施工场地，确定场内区域划分原则，布置各施工辅助企业及其他生产辅助设施，布置仓库站场、施工管理及生活福利设施。

三是选择给水、供电、压气、供热以及通信等系统的位置，布置干管、干线。

四是确定施工场地排水、防洪标准，规划布置排水、防洪沟槽系统。

五是规划弃渣、堆料场地，做好场地土石方平衡以及开挖土石方调配。

六是规划施工期环境保护和水土保持措施。

施工总布置的内容概括起来包括：原有地形已有的地上、地下建筑物，构筑物，铁路，公路和各种管线等；一切拟建的永久建筑物、构筑物、道路和管线；为施工服务的一切临时设施；永久、半永久性的坐标位置，料场和弃渣场位置。

（二）施工总布置原则

施工总布置应根据工程总体布置，结合现场环境，遵循因地制宜、因时制宜、有利生产、方便生活、易于管理、安全可靠、经济合理的原则。

1. 施工总布置应综合分析水工枢纽布置、主体建筑物规模、形式、特点、施工条件和工程所在地区社会、自然条件等因素，妥善处理好环境保护和水土保持与施工场地布局的关系，合理确定并统筹规划为工程施工服务的各种临时设施。

2. 施工总布置方案应贯彻执行珍惜和合理利用土地的方针，遵循因地制宜、因时制宜、有利生产、方便生活、易于管理、安全可靠、注重环境保护、减少水土流失、充分体现人与自然和谐相处以及经济合理的原则，经全面系统比较论证后选定。

3. 施工总布置设计时应考虑以下几点：

（1）施工临时设施与永久性设施，应研究相互结合、统一规划的可能性。临时性建筑设施不要占用拟建永久性建筑或设施的位置。

（2）确定施工临时性建筑设施项目及其规模时，应研究利用已有企业设施为施工服务的可能性与合理性。

（3）主要施工工厂设施和临时设施的布置应考虑施工期洪水的影响，防洪标准根据工程规模、工期长短、河流水文特性等情况，分析不同标准洪水对其危害程度，在 5~20 年重现期范围内酌情采用。高于或低于上述标准时，应进行充分论证。

（4）场内交通规划必须满足施工需要，适应施工程序、工艺流程；全面协调单项工程、施工企业、地区间交通运输的连接与配合，运输方便，费用少，尽可能减少二次转运；力求使交通联系简便，运输组织合理，节省线路和设施的工程投资，减少管理运营费用。

（5）施工总布置应做好土石方挖填平衡，统筹规划堆料、弃渣场地；弃渣应符合环境保护及水土保持要求。在确保主体工程施工顺利的前提下，要尽量少占甚至不占农田。

（6）施工场地应避开不良地质区域、文物保护区。

（7）避免在以下地区设置施工临时设施：严重不良地质区域或滑坡体危害地区；泥石流、山洪、沙尘暴或雪崩可能危害地区；重点保护文物、古迹、名胜区或自然保护区；与重要资源开发有干扰的地区；受爆破或其他因素严重影响的地区。

施工总布置应该根据施工需要分阶段逐步形成，做好前后衔接，尽量避免后阶段拆迁。初期场地平整范围按施工总布置最终要求确定。

（三）施工平面的布置

1. 收集基本资料

（1）当地国民经济现状及发展的前景。

（2）可为工程施工服务的建筑、加工制造、修配、运输等企业的规模、生产能力及其发展规划。

（3）现有水陆交通运输条件和通过能力，近远期发展规划。

（4）水、电以及其他动力供应条件。

（5）邻近居民点、市政建设状况和规划。

（6）当地建筑材料及生活物资供应情况。

（7）施工现场土地状况和征地的有关问题。

（8）工程所在地区行政区规划图、施工现场地形图及主要临时工程剖面图，三角水准网点等测绘资料。

（9）施工现场范围内的工程地质与水文地质资料。

（10）河流水文资料、当地气象资料。

（11）规划、设计各专业设计成果或中间资料。

（12）主要工程项目定额、指标、单价、运杂费率等。

（13）当地及各有关部门对工程施工的要求。

（14）施工现场范围内的环境保护要求。

2. 编制临时建筑物的项目清单

在充分掌握基本资料的基础上，根据施工条件和特点，结合类似工程经验或有关规定，编制临时建筑物的项目单，并初步确定它们的服务对象、生产能力、主要设备、风水电等需要量及占地面积、建筑面积和布置的要求。

以混凝土工程为主体的枢纽工程，临建工程项目一般包括以下内容：

（1）混凝土系统（包括搅拌楼、净料堆场、水泥库、制冷楼）。

（2）砂石加工系统（包括破碎筛分厂、毛料堆场、净料堆场）。

（3）金属结构机电安装系统（包括金属结构加工厂、金属结构拼装场、钢管加工厂、钢管拼装场、制氧厂）。

（4）机械修配系统（包括机械修配厂、汽车修配厂、汽车停放保养场、船舶修配厂、机车修配厂）。

（5）综合加工系统（包括木材加工厂、钢筋加工厂、混凝土预制构件厂）。

（6）风、水、电、通信系统（包括空压站、水厂、变电站、通信总机房）。

（7）基础处理系统（包括基地、灌浆基地）。

（8）仓库系统（包括基地冲击钻机仓库、工区仓库、现场仓库、专业仓库）。

（9）交通运输系统（包括铁路场站、公路汽车站、码头港区、轮渡）。

（10）办公生活福利系统（包括办公房屋、单身宿舍房屋、家属宿舍房屋、公共福利房屋、招待所）。

3. 现场布置总规划

现场布置总规划是施工现场布置中的最关键一步。应该着重解决施工现场布置中的重大原则问题，具体包括以下内容：

（1）施工场地是一岸布置还是两岸布置？

（2）施工场地是一个还是几个？如果有几个场地，哪一个是主要场地？

（3）施工场地怎样分区？

（4）临时建筑物和临时设施采取集中布置还是分散布置？哪些集中、哪些分散？

（5）施工现场内交通线路的布置和场内外交通的衔接及高程的分布等。

一般施工现场为了方便施工，利于管理，都将现场划分成主体工程施工区，辅助企业区，仓库、站、场、转运站，码头等储运中心，当地建筑材料开采区，机电金属结构和施工机械设备的停放修理场地，工程弃料堆放场，施工管理中心和主要施工分区，生活福利区等。各区域用场内公路沟通，在布置上相互联系，形成统一的、高度灵活的、运行方便的整体。

在进行各分区布置时，应满足主体工程施工的要求：对以混凝土建筑物为主体的工程枢纽，应该以混凝土系统为重点，即布置时以砂石料的生产、混凝土的拌和、运输线路和堆弃料场地为主，重要的施工辅助企业集中布置在所服务的主体工程施工工区附近，并妥善布置场内运输线路，使整个枢纽工程的施工形成最优工艺流程。对于其他设施的布置，则应围绕重点来进行，确保主体工程施工。

在区域规划时，围绕集中布置、分散布置和混合布置三种方式，水利水电工程一般多采用混合布置。

一是地形较狭窄时，可沿河流一岸或两岸冲沟绵延布置，按临时建筑物及其设施对施工现场影响程度分类排队，对施工影响大的靠近坝址区布置，其他项目按对工程影响程度大小顺序逐渐远离坝址区布置，如水布垭工程采用了这种布置方式。

二是地形特别狭窄时，可把与施工现场关系特别密切的设施（如混凝土生产系统）布置在坝址附近，而其他一些施工辅助企业等布置在离大坝较远的基地，这是典型的混合布置，如三门峡水库等。

对于引水式水电站或大型输水工程，常在取水口、中间段和厂房段设立施工场地，即形成“一条龙”的布置形式，又称分散布置。其缺点是施工管理不便、场内运输量大等。

在现场规划布置时，要特别注意场内运输干线的布置，如两岸交通联系的线路，砂石骨料运输线路，上、下游联系的过坝线路等。

4. 施工现场布置

施工总平面布置图应根据设计资料和设计原则，结合工程所在地的实际情况，编制出几个备选方案进行比较，然后选择较好的布置方案。

（1）施工交通运输的布置

施工交通包括对外交通和场内交通两部分。对外交通是指联系施工工地与国家公路或地方公路、铁路车站、水运港口及航空港之间的交通，一般应充分利用现有设施，选择较短的新建、改建里程，以减少对外交通工程量。场内交通是联系施工工地内部各工区、料场、堆料场及各生产生活区之间的交通，一般应与对外交通衔接。

在进行施工交通运输方案的设计时，应主要解决的问题有：选定施工场内外的交通运输方式和场内外交通线路的连接方式；进行场内运输线路的平面布置和纵剖面设计；确定路基、路面标准及各种主要的建筑物（如桥涵、车站、码头等）的位置、规模和形式；提出运输工具和运输工程量、材料和劳动力的数量等。

①确定对外交通和场内交通的范围

对外交通方案应确保施工工地与国家公路或地方公路、铁路车站、水运港口之间的交通联系，具备完成施工期间外来物资运输任务的能力；场内交通方案应确保施工工地内部各工区、当地材料产地、堆渣场、各生产生活区之间的交通联系，确保主要道路与对外交通的衔接。

②场内交通规划的任务

场内交通规划的任务是正确选择场内运输主要和辅助的运输方式，合理布置线路，合理规划和组织场内运输。各分区间交通道路布置合理，运输方便可靠，能适应整个工程施工进度和工艺流程要求，尽量避免或减少反向运输和二次倒运。

③场内运输的特点

场内运输的特点是：物料品种多，运输量大，运距短；物料流向明确，车辆单向运输；运输不均衡；对运输保证性要求高；场内交通的临时性；个别情况允许降低标准；运输方式多样性；等等。

④交通运输方式的选择

运输方式的选择应考虑工程所在地区可资利用的交通运输设施情况，施工期总运输量、分年度运输量及运输强度，重大件运输条件，国家（地方）交通干线的连接条件以及场内外交通的衔接条件，交通运输工程的施工期限及投资，转运站以及主要桥涵、渡口、码头、站场、隧道等的建设条件。

场外运输方式的选择，主要取决于工程所在地区的交通条件、施工期的总运输量及运输强度、最大运件重量和尺寸等因素。中小型水利工程一般情况下应优先采用公路运输方式，对于水运条件发达的地区，应以水运方式为主，其他运输方式为辅。

场内运输方式的选择，主要根据各运输方式自身的特点、场内物料运输量、运输距

离、对外运输方式、场地分区布置、地形条件和施工方法等。中小型工程一般采用以汽车运输为主、其他运输为辅的运输方式。对外交通运输专用线或场内公路设计时，应结合具体情况，参照国家有关的公路标准来进行。

场内运输方式分水平运输和垂直运输方式两大类。垂直运输方式和永久建筑物施工场地、各生产系统内部的运输组织等，一般由各专业施工设计考虑，场内交通规划主要考虑场区之间的水平运输方式。水电工程常采用公路和铁路运输作为场内主要水平运输方式。

（2）仓库与材料堆场的布置

①当采用铁路运输时，仓库通常沿铁路线布置，并且要留有足够的装卸前线；如果没有足够的装卸前线，必须在附近设置转运仓库。布置铁路沿线仓库时，应将仓库设置在靠近工地一侧，以免内部运输跨越铁路。同时，仓库不宜设置在弯道处或坡道上。

②当采用水路运输时，一般应在码头附近设置转运仓库，以缩短船只在码头上的停留时间。

③当采用公路运输时，仓库的布置较灵活，一般中心仓库布置在工地中央或靠近使用的地方，也可以布置在靠近外部交通连接处。砂石、水泥、石灰、木材等仓库或堆场宜布置在施工对象附近，以免二次搬运。一般笨重设备应尽量布置在车间附近，其他设备仓库可布置在其外围或其他空地上。

④炸药库应布置在僻静的位置，远离生活区；汽油库应布置在交通方便之处，且不得靠近其他仓库和生活设施，并注意避开多发的风向。

（3）加工厂布置

一般应将加工厂集中布置在同一个地区，且多处于工地边缘。各种加工厂应与相应仓库或材料堆场布置在同一地区。

污染较大的加工厂，如砂石加工厂、沥青加工厂和钢筋加工厂等，应尽量远离生活区和办公区，并注意风向。

（4）布置内部运输道路

根据加工厂、仓库及各施工对象的相对位置，研究货物转运图，区分主要道路和次要道路。

①在规划临时道路时，应充分利用拟建的永久性道路，提前修建永久性道路或者修路基和简易路面作为施工所需的道路，以达到节约投资的目的。

②道路应有两个以上进出口，道路末端应设置回车场；场内道路干线应采用环形布置，主要道路宜采用双车道，宽度不小于 6m；次要道路宜采用单车道，宽度不小于 3.5m。

③一般场外与省、市公路相连的干线，因其以后会成为永久性道路，因此，一开始就

应建成高标准路面。场区内的干线和施工机械行驶路线，最好采用碎石级配路面，以利于修补；场内支线一般为土路或砂石路。

（5）行政与生活临时设施布置

应尽量利用建设单位的生活基地或其他永久性建筑，不足部分另行建造，还可考虑租用当地的民房。

一般全工地性行政管理用房宜设在全工地入口处，以便对外联系，也可设在工地中间，便于对全工地进行管理；工人用的福利设施应设置在工人较集中的地方，或工人必经之处；生活基地应设在场外，距工地 500~1000m 为宜；食堂可布置在工地内部或工地与生活区之间，其位置应尽量避开危险品仓库和砂石加工厂等，以利于安全和减少污染。

（6）临时水电管网及其他动力设施的布置

临时水电管网沿主要干道布置干管、主线；临时总变电站应设置在高压电引入处，不应设置在工地中心；设置在工地中心或工地中心附近的临时发电设备，沿干道布置主线；施工现场供水管网有环状、枝状和混合式三种形式。

根据工程防火要求，应设立消防站。一般设置在易燃物及其堆放场所（木材、仓库、油库、炸药库等）附近，并须有通畅的出口和消防车道，其宽度不宜小于 6m；沿道路布置消防栓时，其间距不得大于 100m，消防栓到路边的距离不得大于 2m。

工地电力网：一般 3~10kV 高压线采用环状，380/220V 低压线采用枝状布置。工地上通常采用架空布置，距路面或建筑物不小于 6m。

应该指出，上述各设计步骤不是截然分开、各自孤立进行的，而是互相联系、互相制约的，需要综合考虑、反复修正才能确定下来。

5. **施工辅助企业**

水利水电工程施工的辅助企业主要包括砂石骨料加工厂、混凝土生产系统、综合加工厂（钢筋加工厂、木材加工厂、混凝土预制构件厂等）、机械修配厂、工地供风系统、工地供电系统、工地供水系统等。其布置的任务是根据工程特点、规模及施工条件，提出所需的辅助企业项目、任务和生产规模及内部组成，选定厂址，确定辅助企业的占地面积和建筑面积，并进行合理的布置，使工程施工能顺利地进行。

（1）砂石骨料加工厂

砂石骨料加工厂布置时，应尽量靠近料场，选择水源充足、运输及供电方便，有足够的堆料场地和便于排水清淤的地段。同时，若砂石骨料加工厂不止一处，可将加工厂布置在中心处，尽量靠近混凝土生产系统。

砂石骨料加工厂的占地面积和建筑面积与骨料的生产能力有关。

（2）混凝土生产系统

混凝土生产系统应尽量集中布置，并靠近混凝土工程量集中的地点，如坝体高度不大，混凝土生产系统高程可布置在坝体重心位置。

混凝土生产系统的面积可依据选择的拌和设备的型号、生产能力来确定。

（3）综合加工厂

综合加工厂应尽量布置在靠近主体工程施工现场，若有条件，可与混凝土生产系统一起布置。

①钢筋加工厂

钢筋加工厂一般需要的面积较大，最好布置在来料处，即靠近码头、车站等处。

②木材加工厂

木材加工厂应布置在铁路或公路专用线的近旁，又因其有防火的要求，则必须安排在空旷地带，且处于主要建筑物的下风向，以免发生火灾时火势蔓延。

③混凝土预制构件厂

混凝土预制构件厂应布置在有足够大的场地和交通方便的地方，若服务对象主要为大坝主体，应尽量靠近大坝布置。

④机械修配厂

机械修配厂应与汽车修配厂和保养厂统一设置，其位置一般选在平坦、宽阔、交通方便的地段，若采用分散布置，应分别靠近使用的机械、设备等地段。

（4）工地供风系统

工地供风系统主要供石方开挖、混凝土和水泥输送、灌浆等施工作业所需的压缩空气。一般采用的方式是集中供风和分散供风，压缩空气主要由固定式的空气压缩机站或移动的空压机来供应。

空气压缩机站的位置，应尽量靠近用风量集中的地点，保证用风质量。同时，接近供电系统、供水系统，并要求有良好的地基，空气压缩机距离用风地点最好在 700m 左右，最远不超过 1000m。

供风管道采用枝状布置，一般沿地表敷设，必要时可深埋或架空敷设（如穿越重要交通道路等）。

（5）工地供电系统

工地用电主要包括室内外交通照明用电和各种机械、动力设备用电等。在设计工地供电系统时，主要应该解决的问题是：确定用电地点和需电量、选择供电方式、进行供电系统的设计。

工地的供电方式常见的有施工地区已有的国家电网供电、临时发电厂供电、移动式发电机供电三种方式，其中国家电网供电的方式最经济方便，宜尽量选用。

工地的用电负荷，按不同的施工阶段分别计算。工地内的供电采用国家电网供电时，应先在工地附近设总变电所，将高压电降为中压电。在输送到用户附近时，通过小型变压器（变电站）将中压电降为低压电（380/220V），然后输送到各用户。另外，工地应有备用发电设施，以备国家电网停电时备用，其供电半径以300~700m为宜。

施工现场供电网路中，变压器应设在所负担的用电荷集中、用电量大的地方，同时各变压器之间可做环状布置，供电线路一般呈树枝形布置，采用架空线等方式敷设，电杆距为25m左右，并尽量避免供电线路的二次拆迁。

（6）工地供水系统

工地供水系统主要由取水工程、净水工程和输配水工程等组成，其任务在于经济合理地供给生产、生活和消防用水。在进行供水系统设计时，首先应考虑需水地点和需水量、水质要求，再选择水源，最后进行取水、净水建筑物和输水管网的设计等。

布置供水系统时，应充分考虑工地范围的大小，可布置成一个或几个供水系统。供水系统一般由供水站、管道和水塔等组成。水塔的位置应设在用水中心处，高程按供水管网所需的最大水头计算。供水管道一般用枝状布置，水管的材料根据管内压力大小分为铸铁和钢管两种。

工地供水系统所用水泵，一般每台流量为10~30L/s，扬程应比最高用水点和水源的高差高出10~15m。水泵应有一定的备用台数，同一泵站的水泵型号尽可能统一。

6. 施工临时设施

（1）仓库

工地仓库的主要功能是储存和供应工程施工所需的各种物资、器材和设备。根据工地仓库的用途和管理形式分为中心仓库（储存全工地统一调配使用的物料）、转运站仓库（储存待运的物资）、专用仓库（储存一种或特殊的材料）等。

根据工地仓库的结构形式分为露天式仓库、棚式仓库和封闭式仓库等。

仓库布置的具体要求是：服务对象单一的仓库、堆场应靠近所服务的企业或施工地点。

①中心仓库应布置在对外交通线路进入工区入口处附近。

②特殊材料库（如炸药等）布置在不会危害企业、施工现场、生活福利区的安全的位置。

③仓库的平面布置应尽量满足防火间距的要求。

（2）工地临时房屋

一般工地上的临时房屋主要有行政管理用房（如指挥部、办公室等）、文化娱乐用房（如学校、俱乐部等）、居住用房（如职工宿舍等）、生活福利用房（如医院、商店、浴室等）等。

修建这些临时房屋时，必须注意既要满足实际需要，又要节约修建费用。具体应考虑以下问题：

①尽可能利用施工区附近城镇的居民和文化福利实施。

②尽可能利用拟建的永久性房屋。

③结合施工地区新建城镇的规划统一考虑。

④临时房屋宜采用装配式结构。

具体工地各类临时房屋需要量，取决于工程规模、工期长短、投资情况和工程所在地区的条件等因素。

二、施工现场准备

（一）施工现场控制网测量

根据给定永久性坐标和高程，按照建筑总平面图要求，进行施工现场控制网测量，设置场区永久性控制测量标桩。

（二）做好“四通一平”

确保施工现场“四通一平”，并尽可能使永久性设施与临时性设施结合起来。拆除场地上妨碍施工的建筑物或构筑物，并根据建筑总平面图规定的标高和土方竖向设计图纸，进行平整场地的工作。

（三）建设施工临时设施

按照施工平面布置图和工程进度安排，进行设施建设。

（四）组织施工机具进场

根据施工机具需要量计划，按施工平面图要求，组织施工机械、设备和工具进场，按规定地点和方式存放，并应进行相应的保养和试运转等各项工作。土石方施工以挖运填筑机械为主，混凝土施工以拌和设备和水平运输及垂直运输机械为主。

（五）组织建筑材料进场

根据建筑材料、构（配）件和制品需要量计划，组织其进场，根据施工场地布置地点和方式储存或堆放。

（六）拟订有关试验、试制项目计划

建筑材料进场后，应进行各项材料的试验、检验。对于新技术项目，应拟订相应试验和试制计划，并均应在开工前实施。

（七）做好季节性施工准备

按照施工组织设计要求，认真落实冬季、雨季和高温季节施工项目的施工设施和技术组织措施。

（八）设置消防、保安设施

按照施工组织设计的要求，根据施工总平面图的布置，建立消防、保安等组织机构和有关的规章制度，布置安排好消防、保安等措施。

三、施工场外协调

（一）材料加工和订货

根据各项资源需要量计划，同建材加工和设备制造部门或单位取得联系，签订供货合同，保证按时供应。

（二）施工机械租赁或订购

对于缺少且必需的施工机械，应根据资源需求量计划，同相关单位签订租赁合同或订购合同。

（三）安排好分包或劳务

通过经济效益分析，本单位难以承担而适合分包或委托劳务的专业工程，如大型土石方、结构安装和设备安装工程，应尽早做好分包或劳务安排；采用招标或委托方式，同相应承担单位签订分包或劳务合同，保证合同实施。

第五章　水利水电工程建设施工阶段管理

第一节　水利水电工程概预算

工程概预算泛指在工程建设实施以前对所需资金做出的预计。对不同工程建设阶段编制的工程概预算都还有其特定名称，我国现行基本建设程序规定：在可行性研究和设计任务书阶段应编制投资估算；在初步设计和技术设计阶段应编制工程总概算和修正工程概算；在施工图设计阶段应编制施工图预算；在工程实施阶段，施工单位尚须编制施工预算。实行招标承包制进行工程建设时，发包单位编制（或委托设计单位编制）的工程预算表现为标底，承包单位编制的工程预算则表现为投标报价。

基本建设工程概预算与决算从确定建设项目、确定和控制基本建设投资、进行基本建设经济管理及施工过程中的经济核算，直到后来的核定项目的固定资产，均是以价值形态贯穿于整个基本建设过程中。而且基本建设不同阶段的工程预算是随着设计深度的加深而逐步深化的，其中设计概算、施工图预算和竣工决算（通常称为基本建设的“三算”）是基本建设中的重要内容。三者构成了缺一不可的有机联系，即设计要编制概算，施工要编制预算，竣工要编制决算。根据国家有关规定，经审批的建设项目投资估算是工程造价的最高限额，一般不得突破。设计概算必须控制在投资估算范围之内。而施工图预算或合同标价要控制在批准的初步设计总概算或执行概算范围之内。一般情况下，决算不能超过预算，预算不能超过概算。

工程概预算是一定时期工程建设技术水平和管理水平的反映，是基本建设不同设计阶段确定工程建设费用的文件，是工程设计文件的重要组成部分。而且工程概预算还是进行工程建设经济分析的基本依据，即经过审查批准的工程概预算是确定基本建设工程计划价格的技术经济文件，是具有法律效力的。所以，要使工程概预算尽可能地反映工程建设实际需要的投资情况。在编制工程概预算时，必须了解和掌握它的特点，即科学性与客观性、政策性与严肃性。前者要求从事概预算编制的人员，除要熟悉水利水电基本建设工程的技术经济特点外，还必须了解设计过程和施工技术，掌握编制方法，特别是要有实事求是的工作作风，及时注意客观条件和自然环境的变化，在具有一定的设计施工和工程经济专业知识的基础上，再注意把握住建设项目和建设地点的技术经济、市场信息，才能编制出高质量的工程概预算。

水利水电工程建设项目的特点决定了其概预算的编制方法与一般建筑工程的概预算编制方法是有所不同的。

水利水电基本建设工程概预算编制的基本方法是单位估价法。其计算方法是：根据概预算编制阶段的设计深度，将整个建设项目按项目划分规定系统逐级划分为若干个简单的、便于计算的基本构成项目。这些项目应当与采用定额的项目一致，能以适当的计量单位计算工程量和按定额计算人工费、材料费和机械使用费的单位价格。在此基础上再计算按规定费率应计入产品成本的其他有关费用，其总和即基本构成项目的工程单价。用工程量乘以单价计算得各基本构成项目的合价，再逐级汇总，加上设备购置费，便可以计算出建筑安装工程的概预算价格。

对整个建设项目来说，在编制概算阶段，除建筑安装工程概算价格外，还需要按照国家规定计算出与工程建设有关而又不宜列入建筑安装工程价格的各项费用（称为其他费用）和必要的预备费用。建筑安装工程价格、其他费用和预备费之和即建设项目的总投资。

水利水电工程概预算的编制具体步骤如下：

一、了解工程概况

从事各阶段概预算编制工作，要熟悉上一阶段设计文件和本阶段设计工作成果，从而了解工程规模、地形地质、枢纽布置、机组机型、主要水工建筑物的结构形式和技术数据、施工场地布置、对外交通方式、施工导流、施工进度及主体工程施工方法等。

二、调查研究、收集资料

一是深入现场，实地踏勘，了解枢纽工程和施工场地布置情况、现场地形、沙砾料与天然建筑材料料场开采运输条件、场内外交通运输条件和运输方式等情况。

二是到上级主管部门和工程所在地省、自治区、直辖市的劳资、计划、物资供应、交通运输和供电等有关部门及施工单位、制造厂家，收集编制概预算的各项基础资料及有关规定，如人工工资及工资性津贴标准、材料设备价格、主要材料来源地、运输方法与运杂费计费标准和供电价格等。

三是新技术、新工艺、新材料、新方法、新定额资料的收集与分析。为编制补充施工机械台班费和补充定额收集必要的资料。

三、基础单价的编制

基础单价是编制工程单价时计算人工费、材料费和机械使用费所必需的最基本的价格资料，是编制工程概预算的最重要的基础数据，必须按实际资料和有关规定认真、慎重地计算确定。水利水电发电工程概预算基础单价有：人工、材料预算单价，施工用风、水、电预算价格，施工机械台班费用及砂石料单价。

四、主要工程单价的编制

水利水电工程概预算中的主要工程单价有投资估算、设计概算及施工图预算等工程单价，现分述如下：

（一）投资估算

投资估算是水利水电建设项目可行性研究报告的重要组成部分，是国家选定水利水电建设项目和批准进行初步设计的重要依据，其估算的准确程度直接影响着对项目的决策和决策的正确性。为了适应投资估算阶段的深度，要求做到估算总投资与初步设计概算总投资的出入不超过10%。

具体编制时，要求编制主体建筑工程、导流工程和主要设备安装工程单价，对其他建筑工程、交通工程、其他设备安装工程及临时工程则应根据有关规定确定指标或费率。

（二）设计概算

设计概算是初步设计文件中的重要组成部分，它的内容包括一个建设项目从筹建到竣工验收过程中发生的全部费用。工程中要求根据初步设计图纸、概算定额及有关规定编制如下工程单价：

一是主要建筑工程中除细部结构以外的所有项目。

二是交通工程中的主要工程。

三是设备安装工程。

四是临时工程中的施工导流工程和施工交通工程中影响投资较大的项目。经批准的初步设计总概算在项目建设中起着重要的组织和控制作用，它是建设项目全部费用的最高限额文件。

（三）施工图预算

施工图预算的内容包括建筑工程费用和设备安装费用两部分，它是确定建筑产品预算价格的文件。具体编制时要求根据施工图、施工组织设计和预算定额及费用标准，以单位工程或扩大单位工程为对象，按分部分项的四级至五级项目编制建筑安装工程单价。

五、计算工程量

工程量的计算在工程概预算编制中占有相当重要的地位，其精度直接影响到概预算质量的高低。计算时，必须按施工图纸和《水利水电工程设计工程量计算规定》进行操作和计算，并列出相应项目的清单。为了防止漏项少算或高估冒算，必须建立健全检查复核制度，以确保工程量计算的准确性。

六、编制各种概预算表

投资估算要编制工程投资估算表和分年度投资估算表，最后汇总为工程投资总估算表。

设计概算要分别编制建筑工程、机电设备及安装工程、金属结构设备及安装工程、临时工程及其他费用概算表，在此基础上编制永久工程综合概算表、分年度投资表和总概算表。

由于施工图设计阶段常根据工期分期提出施工图纸，所以施工图预算也可根据先后施工项目（一级或二级项目）分期编制。如某水库工程可按照输水隧洞、拦河大坝、溢洪道、水电站、交通工程等几个阶段分期编制施工图预算。施工图预算只编制本工程项目建筑工程与设备安装工程预算表。

七、编制说明书及附件

投资估算的编制说明，应根据可行性研究规程的要求简述下列内容：

一是工程规模、主要技术经济指标、基础单价、主体建筑工程单价的编制依据、机组价格、水库淹没补偿指标及其他有关费用估算原则等。

二是根据环境保护报告，说明环保投资内容和采取措施所须增加的投资。

三是当施工外部协作条件、建设工期、资金渠道、贷款条件等可能变更而影响投资较大时，必要时做出投资相应变化的分析说明。

四是其他需要说明的问题。

第一，设计概算编制说明主要内容包括工程规模、工程特点、对外交通方式、资金来源、主要编制依据、工资预算单价、主要材料及设备预算价格的计算原则、工程总投资和总造价、单位投资和单位造价，以及其他必要的说明。最后填列主要技术经济指标简表。

第二，设计概算的附件基本是前述各项工作的计算书及成果汇总表。

第三，施工图预算的编制说明一般可包括编制依据、工程简要情况、编制中需要说明的有关事项、存在问题与今后处理意见、图纸变更情况、执行定额中的有关问题等内容。

第四，施工图预算的重要附件是人工、材料、机械台班分析表。此表应该根据工程量及工程单价表中的工日、材料、机械台班数量逐级计算汇总编制。

编制说明的目的主要是让各方有关人员了解概预算在编制过程中对某些问题的处理情况，至于编制说明的条款多少，则应视单位工程的大小、重要性和繁简程度自行增减。

第二节　水利水电工程勘察设计

一、水利水电工程勘测

水利水电工程勘测是为规划设计所进行的前期工作，主要内容有如下四个方面：

（一）社会经济情况调查

社会经济情况调查包括以下内容：

一是当地国民经济建设和工农业生产的现状、近期及远景规划。

二是当地水旱灾害情况、范围、程度、原因、发生的频率和每次延续的时间。

三是灌区的分布及用水要求。

四是供电对象的分布及各主要用户的用电要求，相邻电网的有关情况。

五是航运、过木、水产养殖等部门综合利用水资源的要求。

六是水库淹没范围内村庄、人口、房屋、耕地、道路桥梁、工矿企业、文物古迹和森林资源等，并应分别按高程做出统计。

七是现有交通路线与工地联系情况。

八是建筑材料、电力、用水等的来源和供应能力；施工单位的可能人数、技术水平；施工场地、临时交通、临时建筑物和施工管理系统等资料。

（二）地形测量

水利水电工程建设的每一个阶段都需要不同比例尺的地形图和纵横断面图，以便正确地定出建筑物的平面位置和高程，计算工程量。

1. 流域地形图

用以计算流域集水面积、河流长度及河床坡度等，并据此计算河流的来水量、来沙量和可能出现的各级洪水。流域地形图可利用测绘部门现成的 1：5000 或 1：10000 的地形图。

2. 库区地形图

用以计算不同水位时的库容和水面面积，并由此绘出水位—库容曲线和水位—面积曲线。库区地形图还可以用作库区地质填图。库区地形图一般可采用1：5000或1：10000 的比例尺。

3. 坝址区地形图

可用作坝址区的地质图，来进行枢纽布置和施工总平面布置。地形图的比例尺，在比较坝段可采用1：5000，在选定坝段可采用 1：500 或 1：100。

对于坝址区的某些建筑物，甚至须用比例尺为 1：200 的地形图，以便精确计算建筑物的工程量。另外，还需要一些纵横断面图与之相配合。

4. 电站厂房区地形图

当电站厂房远离坝址区时，还须测绘电站厂房区地形图，以便布置电站厂区枢纽，其比例尺可用 1：1000~1：200，视精度要求而定。

5. 料场地形图

用以计算材料的储量和料场布置，其比例尺可以根据精度要求和料场面积大小而定，一般采用 1：1000、1：2000 或 1：5000。

（三）水文调查

1. 径流资料

调查收集工程所在地区多年平均降水量、多年平均径流量、年径流系数及年蒸发量，作为计算兴利库容和水库调节计算的依据。

2. 泥沙资料

调查收集工程所在河流多年平均含沙量、输沙率，作为计算水库死库容的依据。

3. 洪水资料

调查了解历史上洪水发生的情况，收集实测洪水的流量过程线，作为设计泄洪建筑物的资料。

在收集上述水文资料的同时，还应收集气温、冰冻、湿度、风向和风速等气象资料。

（四）地质勘测

地质勘测包括水文地质勘测和工程地质勘测两个方面。

水文地质勘测的任务是了解工程建设地区的水文地质条件，如透水层与不透水层的分布情况，地下水的水位、流量、流速及化学成分，地基的渗透系数等，作为正确选择坝址和其他建筑物地址的依据；查明影响建筑物稳定和坝基以及坝肩渗漏的条件，从而提供加固和防渗处理的地质条件。

工程地质勘测的任务是了解工程建设地区的工程地质条件，即库区及枢纽附近的岩层分布情况、地质年代及地质构造（断层、褶皱、节理、裂隙、滑坡、喀斯特以及风化层等）；岩石或土壤的物理力学性质，如岩石的岩性及容重、强度、弹性模量、摩擦系数，土壤的容重、孔隙比、天然含水量、粒径级配、渗透系数等；地形、地貌、覆盖层的地形及地质性质等。

地质勘测还要预测在建筑物施工和运行期间可能引起的工程地质问题，并提出相应的防治措施；地质勘测还要提供修建水工建筑物所用的建筑材料、产地、储量和质量等资料。为了获得上述各项资料，必须进行工程地质和水文地质测绘、勘测和野外及室内的试验工作。

二、水利水电工程设计

水利水电工程的设计包括坝址、坝形的选择，电站形式及电站站址的选择，整个水利枢纽的布置及各水工建筑物的设计等。

（一）坝址和坝形选择

选择合适的坝址、坝形和枢纽布置是进行水利水电工程设计的重要工作。在流域规划阶段，根据综合利用的要求，结合河道地形、地质等的调查和判断，初选几个可能筑坝的坝址，经过对各坝址和坝轴线的综合比较，选择一个最有利的坝址和一两条较好的坝轴线，并进行枢纽布置。在初步设计阶段，通过一系列的方案比较，选出最有利的坝轴线，确定坝形及其他建筑物形式并进行枢纽布置。在技术设计阶段，随着地质资料和试验资料的进一步深入及完善，对确定的坝轴线、坝形及枢纽布置方案做出最后的补充、修改和定案。在选择坝址和坝形时，需要考虑如下五个方面的条件：

1. 地质条件

理想的地质条件是：地基岩基坚硬完整，没有大的断层、破碎带。一般来说，完全符合上述条件的天然地基是非常少的，往往要做适当的地基处理后才能适应相应坝形的要求。

不同的坝形和坝高对坝基地质有不同的要求，拱坝对两岸坝基要求最高；连拱坝对坝基的要求也高；大头坝、平板坝、重力坝次之；土石坝要求最低。

2. 地形条件

地形的多样性使得我们在选择坝形时要针对具体情况具体分析，还要结合其他条件进行全面考虑。总的来说，坝址的选择原则是：河谷的狭窄段，坝轴线较短，有利于降低建坝的造价和工程量，但是还要照顾到水利枢纽的布置。例如，三峡工程坝址的选定就充分地考虑了各种建筑物的布置。

3. 建筑材料

坝址附近应有足够数量且符合质量要求的建筑材料。例如，采用混凝土坝时，应能在坝址附近采到良好的骨料。

4. 施工条件

选择坝址要充分考虑施工导流、对外交通等方面的便利和要求。

5. 综合效益

对不同坝址进行选择时，要综合考虑防洪、灌溉、发电、航运等部门的经济效益，还要考虑环保、生态等各方面的社会效益和影响。

（二）枢纽布置

1. 枢纽布置的一般原则

枢纽布置就是研究确定枢纽中各种水工建筑物的相互位置，它是枢纽设计中的一项重要内容。由于这项工作需要考虑的因素多、涉及面广，因此需要从设计、施工、运行管理、技术经济等各方面进行全面论证，综合比较，最后从若干个比较方案中，选定最好的枢纽布置方案。枢纽布置的一般原则如下：

（1）枢纽布置应与施工导流、施工方法和施工期限结合考虑，要在较有利的施工条件下尽可能缩短工期。

（2）枢纽中各个建筑物能在任何条件下正常地工作，彼此不致互相干扰。

（3）在满足建筑物的强度和稳定的条件下，枢纽总造价和年运转费用最低。

（4）同工种建筑物应尽量布置在一起，以减少连接建筑物。

（5）尽可能提前发挥效益。

（6）枢纽中各建筑物应与周围环境相协调，在可能的条件下，建筑应美观大方。在保证使用功能的条件下，最大限度地满足美学功能的要求。

2. 各类水工建筑物对布置的自身要求

枢纽布置中各类水工建筑物对布置的自身要求如下：

（1）挡水建筑物

其轴线尽可能布置成直线（拱坝除外），这样可使坝轴线最短，坝身工程量最小，施工比较方便。

（2）泄水建筑物

泄水建筑物是水利枢纽中不可缺少的建筑物。泄水建筑物的布置是否合理，直接关系到整个枢纽的安全运行和使用效率。泄水建筑物包括溢流坝、河岸溢洪道及泄水孔、泄水隧洞等。这些泄水建筑物应具有足够的泄洪能力，其中线位置及走向应尽量减少对原河道自然情况的破坏，还应注意尽量避免干扰发电站、航运、漂木及水产养殖等的正常运行。

（3）水电站建筑物

水电站的形式及站址（厂房位置）的选择是一项重要的工作。不同的电站形式有不同的厂房位置，有时即使是同一种电站形式也有不同的厂房位置方案，需要研究各种方案的施工条件、运用条件、经济条件、综合效益等，进行论证和综合比较，优选出最佳的方案。一般来说，厂房位置尽可能靠近坝，以减少输水建筑物的工程量和水头损失。

（4）灌溉和引水建筑物

枢纽中灌溉和引水建筑物的取水口应位于灌溉或用水地区的同一侧，其高程通过水力计算确定并取决于灌区或用水地区高程。取水口在布置上要求不被泥沙淤塞和漂浮物堵塞。

当枢纽为低坝取水或无坝取水时，为了保证引进足够的流量，取水口应布置在弯道下游段凹岸一侧。对取水口的引水角度，取水防沙设施（沉沙地、冲沙闸等）均须布置得当，以保证取水口运用可靠。

（5）过坝建筑物

过坝建筑物包括通航建筑物、过木建筑物和过鱼建筑物。在枢纽布置时对这些建筑物与其他水工建筑物的相对位置进行充分的研究，避免相互干扰。在过去的工程实践中，这些建筑物与其他建筑物有发生干扰的情况，如过木时影响发电，影响航运；泄水建筑物泄流时影响航运等。这就有个统筹兼顾、全面考虑的问题，应尽可能使整个枢纽中各个水工建筑物在运行时互不干扰，充分发挥各个水工建筑物的效益。

第三节　水利水电工程施工

水利水电工程施工就是将设计图纸转化为工程实体的过程。水利水电施工的特点：一是工程量大和工种繁多，需要动用大批劳动力和配备大量施工机械，组织成一支技术熟练的专业队伍，才能及时完成；二是地处河流和野外，受自然条件（水流、气温、雨、雪等）的影响很大，在河床上修建水工建筑物，要采取施工导流、基坑排水和度汛等措施；三是经常会遇到复杂的地质（如渗漏、软弱地基、断层、破碎带及滑坡等），因此要进行地基处理。

为了实现水电建设的现代化，水电工程的施工必须向着机械化、自动化、新材料、新技术、新工艺等方面发展，争取做到保证质量、降低造价、安全生产、提高功效和缩短工期，全面提高经济效益。

一、施工导流

在河流上修建水利水电工程时，为了使水工建筑物能在干地上进行施工，需要用围堰围护基坑，并将河水引向预定的泄水建筑物往下游宣泄，这就是施工导流。

施工导流是水利水电工程施工中的关键问题之一，情况复杂，影响因素多，且直接关系到整个工程的施工进度及完工日期、施工方法、施工场地布置和工程造价，有时甚至影响到水工建筑物的形式选择和布置。在设计中应认真分析资料，合理选择导流方法和程序，确定导流设计流量，选择导流建筑物的形式及其布置，对导流方案进行技术经济比较。

影响施工导流的因素有河流的水文特性，地形、地质条件，施工工期中的供水、灌溉、通航、交通和过木要求，水工建筑物的组成与布置，以及施工方法、施工布置、当地材料供应条件等。

（一）导流方式

施工导流的基本方式大体上可分为两类：第一类是分段围堰法导流，即河床内导流，水流通过被束窄的河床、坝体底孔、缺口或涵管等往下游宣泄；第二类是全段围堰法导流，即河床外导流，水流通过河床外的临时或永久的隧洞、明渠等往下游宣泄。

1. 分段围堰法

分段围堰法也称为分期围堰法，即用围堰将全河床的水工建筑物分为若干段，分期分段完成整个工程施工。一期一般围住河床的左（或右）岸或两岸，使河水从束窄的河床通过；后期再完全截断河流，使河水从已经建成的建筑物通过。

分段围堰法前期由束窄的河道导流，后期利用事先修建好的泄水道导流。此法适用于河床较宽、流量大、施工期较长的工程。我国的新安江、丹江口、葛洲坝等水电站均采用这种方法导流。

在分段围堰导流布置中，垂直于水流方向的围堰称为横向围堰，平行于水流方向的围

堰称为纵向围堰。纵向围堰的位置选定要满足河床束窄后的河水流速对施工通航、河床冲刷的要求，不得超过允许流速。各期主体工程的工程量和施工强度要相对均衡。一般束窄后的河床宽度是原河床宽度的40%~70%。

2. 全段围堰法

全段围堰法是在主体工程的上下游各修建一道拦河围堰，一次性截断河流，使河水从其他临时性或永久性泄水建筑物（如隧洞、明渠、涵管或渡槽等）通过。全段围堰法适用于狭窄河谷地区或土石坝工程。

由于山区性河流的洪峰流量有陡涨陡落的特性，洪峰流量大。为了减少临时性建筑物的投资，对于永久性建筑物为混凝土坝的工程，采取枯水期施工、洪水期基坑淹没的方案。坝体施工初期，洪水期停止施工，允许洪水淹没基坑从坝体上通过，等枯水期到来后再施工。

坝体升高到一定高度后，洪水期导流流量可以从预留的底孔或坝体缺口通过。有永久性泄水底孔的可以利用底孔导流。

（二）导流方法

导流方法是指导流过程中泄水道的类型或途径。一般有如下五种：

1. 底孔导流

底孔导流多作为分期导流法的后期导流通道。

在前期施工时，在混凝土坝体的底部预留下临时底孔或修好永久底孔。后期导流时，让全部或部分导流流量通过底孔宣泄到下游，保证工程继续施工。

采用临时底孔时，底孔的尺寸、数目和布置要通过相应的水力学计算确定。同时，要考虑到后期的封堵，往往在底孔上游面设置闸门门槽，下闸封堵。当底孔数目较多时，可以将底孔高程分置在不同位置，封堵从最低高程的底孔开始，逐步向上进行，减少封堵时所承受的水压力。底孔导流的优点是永久建筑物的上部施工可以不受水流干扰，有利于均衡连续施工，适用于修建高坝。在坝体内设有永久底孔比较理想，缺点是钢材用量增加，封堵质量不好时会削弱坝体的整体性，并且漏水，底孔有被漂浮物堵塞的危险，水头较高时封堵难度较大。

2. 坝体缺口导流

在全段围堰法和分段围堰法的后期，如果使洪水完全从导流隧洞或导流底孔等导流建筑物通过，势必造成导流建筑物的工程量和工程投资急剧增加。将导流隧洞等导流建筑物按照枯水期的标准设计相应流量。在洪水期，将部分坝体停止施工，预留出缺口，使其配合其他导流建筑物宣泄洪峰流量。其余部分坝体继续上升，枯水期再将缺口继续上升到与其他坝体相近的高程。坝体缺口导流可以大大降低导流隧洞或导流底孔等建筑物的尺寸，降低造价。

此法比较简单，有高低缺口时其高差以不超过4~6m为宜。缺口导流适合于重力坝等大体积混凝土坝。

3. 隧洞导流

隧洞导流多用于山区性河流河谷狭窄、山体坚实的情况。隧洞泄水能力有限，汛期洪水常须另找出路，如缺口、底孔、坝体过水等。隧洞导流多用于全段围堰法。湖北清江隔河岩重力拱坝采用全段围堰法施工，左岸隧洞导流，初期的洪水期不施工，坝体过水，后期采用永久底孔导流。

4. 明渠导流

在河岸或河滩开挖渠道，在基坑上下游修筑围堰，河水经渠道下泄，适用于岸坡平缓或有宽广滩地的平原河道上。如果当地有老河道可资利用或可裁弯取直，开挖明渠经济合理。

5. 涵管导流

涵管导流用于土坝、堆石坝枢纽，一般用在导流量较小的河流上。

涵管通常布置在河岸岩滩上，其位置常在枯水位以上。可以在枯水期不修围堰或只修一个小围堰，先将涵管建好，然后修上下游全段围堰。

值得指出的是，上述导流方法在使用上不应绝对化，实际中应视具体情况灵活处理，有时在同一工程上可能多种导流方法并用。例如，汉江支流堵河上的黄龙滩电站，前期导流采用过水围堰加明渠方案，洪水期允许洪水漫堰过水，洪水过后抽干围堰内积水，继续施工。随着坝体的升高，后期导流采用底孔（由明渠改用）加坝体缺口导流方案。实践证明，该工程的导流方法是符合堵河的水文特性的，为工程的顺利进行提供了保障。

（三）围堰

围堰是导流时期的临时性建筑物，用来围护基坑，保证水工建筑物能在干地施工。导流任务完成以后，如果围堰对永久建筑物的运行没有妨碍或成为永久建筑物的一部分，可以保留，否则就要拆除。

围堰要求具有足够的稳定性、防渗性、抗冲性和一定的强度；结构简单，修建、维护和拆除方便；水流平顺，与其他建筑物连接可靠。

围堰按其与水流方向的相对位置分为纵向围堰和横向围堰。

常用的围堰形式有草土围堰、土石围堰、钢板桩格围堰及混凝土围堰。

草土围堰宜用砂壤土或壤土构成。土石围堰由堆石体、反滤层、防渗体及保护层构成。

1. 草土围堰

草土围堰是一种草土混合结构，多用捆草法修建，在我国使用历史悠久。施工时，将长 1.2~1.8m 的草束用草绳扎成一捆，从河岸开始沿整个宽度范围逐层放草捆，铺土层，压实。在循环施工过程中，堰体向前进占，后部堰体逐渐沉入河底，直至围堰露出水面并达到设计顶高程。

草土围堰施工简单、速度快、防渗性能好，可就地取材，造价较低，具有一定的防冲防渗能力，堰体容量小，能承受一定的沉陷变形。适用于地基软弱、施工期在两年以内、水深较小、流速较小的小型水电站。

2. 土石围堰

土石围堰是水利工程中采用最为广泛的一种围堰形式。它能充分利用当地材料或废弃的土石方，构造简单，施工方便，可以在流水中、深水中、岩基上或有覆盖层的河床上修建。但其工程量大，堰身沉陷变形也较大。经过坡面和堰脚加固处理后的土石围堰可以过水。

土石围堰的结构类似土石坝，作为临时建筑物，其设计标准相应较低。

3. 钢板桩格围堰

钢板桩格围堰的平面形式有圆筒形格体、扇形格体和花瓣形格体等，应用较多的是圆筒形格体。这种围堰具有坚固、抗渗、抗冲、围堰断面小、易于机械化施工且材料回收率高等优点，但钢材用量多。长江葛洲坝工程曾采用圆筒形格体钢板桩围堰作为纵向围堰的一部分。

圆筒形格体钢板桩围堰由一字形钢板桩拼装而成，由一系列主格体和联弧段所构成。格体内充填透水性较强的填料，如砂、砂卵石或石碴等。

圆筒形格体钢板桩围堰的修建由定位、打设模架、模架就位、打设钢板桩、填充料渣、取出模架及其支柱、填充料渣到设计高度等工序组成。

4. 混凝土围堰

混凝土围堰的抗冲及抗渗能力大、挡水水头高、底宽小、断面尺寸小，必要时可以过水，容易与永久性混凝土建筑物相连接或作为永久建筑物的一部分。混凝土围堰形式有以下两种：

（1）拱形混凝土围堰。适用于两岸陡峻、岩石坚实的山区河流，其结构特点与永久性拱坝相同。拱形混凝土围堰比重力式混凝土围堰节省混凝土工程量。隔河岩水电站上游碾压混凝土拱形围堰高33m，一个枯水期即可施工完成。

（2）重力式混凝土围堰。在分段围堰法导流时，往往用作纵向围堰。有的工程还将纵向围堰作为永久性建筑物的一部分，如隔墙、导墙等。

（四）导流设计流量

导流设计流量是选择导流方案、设计导流建筑物的主要依据。导流流量设计标准要根据工程等级及围堰的建筑物级别确定符合规范的洪水重现期，按相应洪水期系列样本计算。

一个水利水电工程的导流设计流量标准与其导流方法有关。一般河流根据全年水文特性可分为枯水期和洪水期。当工程采用全年施工方法时，导流流量应该以全年洪水系列作为数理统计分析样本，计算相应洪水频率的流量。当工程采用枯水期施工，洪水期基坑淹没（坝体过水）时，应该分别以枯水期洪水系列和洪水期洪水系列作为不同时期的数理统计分析样本，计算各自时期的导流流量。

通常按照导流程序把施工阶段划分为几个导流时段，导流建筑物在不同时段的工作条件不同，将其分别对待是既安全又经济的。导流时段的划分与河流的水文特征、水工建筑物的形式、导流方案、施工进度等有关。例如，某工程为混凝土拱坝，采用全段围堰法施工，混凝土围堰。第一时段枯水期施工，隧洞导流，洪水期基坑淹没。导流流量采用枯水期的洪水重现期流量。第二时段坝体已上升到一定高程，底孔形成，全年施工洪水期底孔和隧洞共同导流。导流流量标准按全年洪水重现期确定。第三时段封堵导流隧洞，表孔形成，由底孔和表孔过流，完成上部坝体和全部工程。

（五）导流方案

一个水利工程的施工从开工到完建所采用的一种和几种导流方法的组合称为导流方案。一个合理的导流方案应该是技术上可行，经济上实惠。

选择导流方案应考虑的主要因素有以下内容：

1. 河流的水文条件

包括河流的流量、水位变化幅度、全年的流量变化情况、枯水期的长短、冬季的流冰和冰冻情况等。

2. 坝区附近的地形条件

如河床宽度、有无沙洲可供利用、河道弯曲程度和形状、河岸是否有宽阔的施工场地

等。如三峡工程利用中堡岛的特殊位置做分期导流的纵向围堰。

3. 河流两岸及河床的地质条件及水文地质条件

如河岸岩石是否坚硬、能否开凿隧洞、河床抗冲刷能力、基础覆盖层厚度等。

4. 水工建筑物的形式及其布置

如土石坝不能采用汛期基坑淹没、坝体过水的方案。有布置在较低高程的永久性泄水底孔时，可以兼做后期的导流建筑物。

5. 施工期间河流的综合利用和运行要求

例如，施工期是否要通航或漂筏等，束窄后的河道流速是否满足通航要求。

6. 施工进度、施工方法及施工场地布置

如施工截流时间、第一台机组投入运行的时间、施工队伍的施工能力等。

二、施工截流

施工水流控制中，在临时导流泄水建筑物（隧洞、明渠、底孔等）完成以后，截断原河床，迫使河水经临时泄水道下泄的过程，称为施工截流。施工截流是水利水电工程施工过程中重要的控制性环节。施工截流的成败往往直接影响到整个工程的进展，稍有不慎，可能将整个工期推迟一年。

（一）截流日期和截流流量

截流时间应选择在枯水期之初，河道流量显著下降的时候。

截流时，河道流量大小是影响截流成败的重要因素，流量越大，使用的截流材料越多，截流时的水流流速越高，截流难度越高。截流选择在枯水期势所必然；河道截流以后，第二年汛期来到之前，需要及时完成围堰加固、基坑排水等工作。截流时间选择要给后期基坑工作留下足够的时间。因此，在满足截流要求的情况下，截流日期选得早一点儿，不一定要选在流量最小的时候。在工程实际中，须提前做好截流准备工作，截流具体日期要根据水文短期预报和施工进度情况而定。

（二）龙口位置和截流材料

龙口应选择在河床主流部位，方向力求与主流相顺直，以便截流时河水能顺畅地下泄。龙口处河底应能抵御合龙时的水流冲刷。龙口附近应有较宽阔的场地，以便布置截流运输路线，堆放截流材料。龙口宽度应尽可能窄一些，减少合龙工程量和合龙时间。

（三）基坑排水

围堰合龙闭气后，基坑内的积水应立即排除。初期排水流量可根据地质情况、工程等级、工期长短和施工条件等因素，参考实际工程经验确定。基坑水位允许下降速度视围堰形式、地质特性和坑内水深而定。基坑水位不宜下降太快，避免基坑边坡坍塌。一般下降速度应控制在0.5~1.5m/d。排水设备一般用离心式水泵，排水设备容量根据初期排水量确定即可满足要求。为了方便运行，可将容量不同的水泵组合使用。

基坑积水排干以后，围堰内外水位差增大，通过围堰和基础的渗流量相应增大，加之降水时基坑积水，需要经常性排水。

第四节　施工总组织

水利水电建设一般要经过规划、设计、施工三个主要阶段，组织施工是将设计变为现实的重要环节。组织施工主要应解决好两个问题：一是要完成施工组织设计，对施工的全局从技术措施到组织安排做好全面、合理的论证；二是要加强科学管理，严格质量控制，以保证在预定的时间内，用较少的人力和物力完成规定的建设任务。

一、施工组织设计

施工组织设计是研究工程施工条件、施工方案，指导和组织施工的技术经济文件。初步设计和技术设计阶段都要做好施工组织设计。

在初步设计中，配合选坝工作，从施工导流、对外交通、建筑材料、场地布置、主体工程施工方案等主要方面进行重点论证，提出施工期限、工程造价、劳动力、主要材料和机械设备需用量等估算指标。坝址选定后，研究枢纽建筑物的各种施工方案，提出对施工方案的推荐意见。

工程实践证明，做好施工组织设计，应遵循以下基本原则：

一是遵循基建程序，使施工组织设计符合基建程序要求，争取提前完工，尽早发挥工程效益。

二是降低成本，提高经济效益。

三是根据需要和可能，争取机械化施工，以提高劳动生产率。

四是组织平行流水作业，尽量均衡生产，争取全年施工。

五是总结推广最新技术和先进经验。

六是制定技术措施和组织措施，确保施工质量和施工安全。

七是充分掌握自然条件，特别是水文条件，切实安排好施工进度，尽量利用枯水季节施工，并注意做好冬季、夏季、雨季的施工组织工作。

在初步设计阶段，施工组织设计应包含以下内容：

一是施工条件分析。包括工程条件（工程所在地点、永久性建筑物）、自然条件（地质、地形、水文、气象）、交通运输条件（供水、供电、道路、通信、场地平整，俗称"四通一平"）、物质资源供应条件（建筑材料）及社会施工条件（征地、移民）等。

二是施工导流。包括确定导流标准，划分导流时段，选择导流方案和导流建筑物，进行导流建筑物设计，提出导流建筑物的施工安排，拟定截流、度汛、拦洪、排冰、通航、过木、下闸封孔、供水、蓄水、发电等措施。

三是主体工程施工。包括对主体工程的施工程序、施工方法、工程安排、施工布置和主要施工机械等问题进行比较和选择。对主体工程施工中的关键技术问题进行专题研究和论证，如特殊的地质基础处理、导截流、大体积混凝土的温度散热等。

四是施工交通运输，分为对外交通和对内交通。对外交通根据工程对外总运量、运输强度和重大部件的运输要求，确定对外交通方式，选择线路及其标准，规划对外交通与国家主干线的衔接。对内交通的任务是选定场内交通干线的布置和标准，提出工程量。

五是施工辅助企业和大型临时设施。确定如混凝土骨料系统、土石料加工系统、机械修配厂、钢筋混凝土预制构件厂等的位置、规模、布置和土建工程量。

六是进行施工总布置。

七是制定施工总进度。

八是提出主要技术供应计划。

九是拟订机电设备和金属结构安装方案。

十是提出施工机构和人员配备的方案。

十一是提出需要进行试验研究和补充勘测的建议。

技术设计阶段的施工组织设计应根据批准的初步设计文件，勘测、补充勘测、试验调查资料，以及相关的水工、机电等设计图纸，对初步设计阶段的施工组织设计，做进一步充分的落实。如果设计文件不能一次提出，或因工程施工需要新的安排，也可编制阶段性的施工组织设计，如截流工程施工组织设计等。

二、施工进度计划

施工进度计划是施工组织设计的重要组成部分，它规定了工程施工的顺序和速度。

编制施工进度计划的目的，首先在于确保工程进度，使工程能按期完成或提前完成并交付使用；其次是在确保工期的前提下，通过施工进度计划的安排，加强施工的计划性，保证均衡、连续、有节奏地进行施工，从施工顺序和施工速度等组织措施上保证工程质量和施工安全，使建设资金、劳动力、材料和机械设备合理运用，以实现最好的经济效益。

编制施工进度计划时，应把施工导流、施工方法、技术供应、施工总体布置等设计密切联系、统筹考虑。安排施工进度计划时，必须与拟定的导流程序相适应，既要根据导流程序来考虑导流、截流、拦洪、度汛、蓄水、发电等控制性环节的施工顺序和速度，也要考虑施工进度与施工场地布置、施工强度、施工方法和机械设备生产能力相适应，还要考虑技术供应和物资供应的可能性与现实性，使施工进度计划建立在可靠的物资基础上。

施工进度计划的类型主要有总进度计划和单项工程进度计划两种。总进度计划是对整个水利水电工程编制的，要求定出整个工程中各个单项工程的施工顺序和起止日期，以及主体工程施工前的准备工作和主体工程完工后的结尾工作的施工期限。单项工程进度计划是对枢纽中的主要工程项目，如大坝、水电站等进行编制的，要求定出单项工程中各工种、各结构部位的施工顺序和起止日期及单项工程施工准备工作的施工期限。

编制施工进度计划应与施工组织设计的其他环节统筹考虑，如施工导流、施工方法、施工总体布置等。编制施工进度计划的步骤大致分为：①收集基本资料；②列出工程项目；③计算工程量和施工时间；④分析确定项目之间的依从关系；⑤初步拟定施工进度；⑥优化、调整和修改；⑦提出施工进度成果。

施工进度计划通常用进度计划表、说明书和附表等形式表示。随着电子技术的发展，现在许多大型工程的施工进度计划是用电子计算机进行计算、绘图，最后以施工进度计划网络图来表示。

（一）横道图

横道图总进度是传统的表达形式，图上一般标有各单项工程主要的工程量、施工时段、施工强度，并有经平衡后汇总的施工强度曲线和劳动力的需要曲线，必要时还可表示各施工期施工导流方式和坝前水值过程线。横道图的优点是图面简明，直观易懂；缺点是不能表示各分项工程之间的逻辑关系，不利于计划的调整和控制，应用上有其局限性。

（二）网络图

网络图亦称箭头图，它是系统工程在编制施工进度中的具体应用。网络图的逻辑关系明确，便于分析计算和优化调整，还能标出控制工期的关键线路。

网络图有单、双两种代号的绘制方法，常用双代号网络图方法。双代号网络图用箭头两端的两个节点表示一个项目，箭头表示该项目从开工到完工的所需时间及前后项目的接

续关系。为了表示项目之间的逻辑关系，采用虚箭头表示延续时间为零。研究时间参数的目的是确定影响施工进度的关键项目，找出施工时间最长的关键线路，为网络计划进一步优化调整提供科学依据。关键线路从始端贯通整个网络图至终端，在网络图上用粗箭线表示。在关键线路上，每一个项目都是关键项目，延误其工期将延误整个工程的工期。一个网络计划的关键线路至少有一条，有时可能有多条。

三、施工总体布置

施工总体布置，就是根据工程特点和施工条件，研究解决施工期间所需的辅助企业、交通运输、仓库、房屋、动力、给水排水管线及其他施工设施等的平面和立面布置问题，为整个工程全面施工创造条件，以期用最少的人力、物力和财力，在规定的期限内顺利完成整个工程的建设任务。

施工总体布置的基本原则如下：

一是工地可划分为施工区、辅助企业及仓库区、行政管理及生活区等。

二是一切临时工程的布置，应与主体工程密切配合，不得妨碍主体工程的施工。

三是必须符合施工技术要求，如混凝土厂、变电站和空压机站等要考虑有效作用半径。

四是要尽量减少材料的转运次数和运输距离，布置场地要符合经济的法则。

五是必须考虑防汛、安全、防火、卫生的要求。

六是布置要紧凑，要考虑城乡规划，尽量少占甚至不占农田。

施工总体布置的设计深度，随设计阶段的不同而有所不同。初步设计阶段，施工总体布置的主要任务是根据主体工程施工要求和自然条件，分别就施工场地划分、主要辅助企业和大型临时设施的分区布置及场内主要交通运输线路的衔接等，拟订各种可能的布局方案，进行比较和论证，选择合理的方案；技术设计阶段，主要是在初设阶段施工总体布置的基础上进行分项分区，对施工现场和主要辅助企业、大型临时设施的具体布置设计。

施工总体布置图是施工组织设计的主要成果之一。一般来说，施工总体布置图上应该包括以下内容：

一切地上和地下已有与拟建的建筑物及构筑物。

施工服务的一切临时性建筑物和临时设施，其中有：①导流建筑物，如围堰、隧洞、明渠等；②运输系统，如各种道路、车站、码头、车库、桥涵、栈桥、大型起重机等；③各种仓库、堆料、弃料堆等；④各种料场及其加工系统，如土料场、砂料场、石料厂、骨料加工厂等；⑤混凝土制备系统，如混凝土厂、骨料仓库、水泥仓库、制冷系统等；⑥机械修配系统，如机械修理厂、修钎厂、机修站等；⑦其他施工辅助企业，如钢筋加工厂、木材加工厂、混凝土和钢筋混凝土预制构件工厂等；⑧金属结构、机电设备和施工设备的安装基地；⑨水电和动力供应系统，如临时发电站、变电站、抽水站、水处理设施、压缩空气站和各种线路管道等；⑩生产及生活所需的临时房屋，如办公室、职工及家属宿舍、食堂、医院等；⑪安全防火设施及其他，如消防站、警卫室、安全警戒线等。

交通干线一般采取高低线布置方式，低线用于施工前期，高线用于施工后期。在坝下游要设置永久性桥梁，以保证跨河运输。

四、施工管理

施工管理的中心任务是研究和解决在施工过程中，如何把工地的各项工作妥善安排，有条不紊，相互协调，以期用最少的人力、物力和资金，在保证工程质量的前提下，如期或提前建成，尽早发挥效益。施工管理的实质是对施工生产进行合理的计划、组织、协调、控制和指挥。在施工中，人力是否组织得合理、物力是否得到了充分的利用、财力用得是否得当、机械设备和劳动力搭配得是否合适、施工方案是否先进可靠等，都直接影响到施工速度、工程质量和建设投资。所有这些，需要在施工过程中经过科学的安排、精密的计算和科学的组织管理。由此可见，施工管理是综合性的管理。

（一）施工管理的工作内容

施工管理贯穿整个施工阶段。但是在施工全过程的不同阶段，施工管理工作的重点和具体内容又不尽相同。施工管理既是对施工对象、施工过程的管理，又含有企业的其他专业管理，如计划、技术、质量、材料、机械、成本等管理内容。

施工管理的工作内容主要有施工计划管理、施工质量管理、施工安全管理、施工成本管理、劳动工资管理、定额管理、财务管理等。各项管理工作之间既有分工又有联系，要做到彼此协调。

1. 施工计划管理

施工计划管理是各项管理工作的核心，应根据施工组织设计中规定的施工进度计划，合理布局，综合平衡。各项生产任务都要制订施工措施计划，并通过调度管理来组织生产，以保证完成国家规定的各项指标。

施工企业必须进行全面计划管理，通过计划工作的周期活动，调控企业的工作，把企业全体成员的活动纳入计划轨道。所谓全面计划管理，是指全企业的一切部门、单位和个人，在招揽任务、施工准备、施工到竣工验收后服务等活动中实行全企业、全过程、全员性的计划管理。

施工企业应根据所从事的施工生产经营活动而编制各种计划，把各种活动纳入有计划

的轨道，形成一个施工计划管理体系。

按管理期限的不同，施工计划分为长期、中期、短期三种；按管理内容的不同，施工计划分为工程施工进度计划（如拟建或在建工程的建筑安装施工计划）、综合施工计划（如施工计划、任务计划）、施工作业计划和各种专业计划（如质量计划、物资供应计划、运输计划、降低成本计划等）。

以上各种计划，构成了一个计划体系，有条不紊地指导企业的各项工作。

2. 施工质量管理

施工质量管理是为了经济高效地生产出符合标准并满足用户需求的工程产品，而对工程产品形成过程中的各个环节、各个阶段所进行的调查、计划、组织、协调、控制、系统管理等一系列活动的总称。施工质量管理的目的是以较低的成本，按期生产出符合要求的工程产品。施工质量管理离不开成本和工期这两个条件，因为任何工业产品及工程产品生产者不计成本，不讲工期，或只考虑成本、工期而不顾质量，均是无效的管理。

施工质量具有以下特点：

（1）影响因素多。

（2）质量波动大。

（3）质量变异大。

（4）质量具有隐蔽性。

（5）终检局限性大。

此外，施工质量、施工进度和施工成本三者之间是既对立又统一的关系，使工程质量受到施工进度和施工成本的制约。因此，应针对施工质量的特点，科学进行施工质量管理，并将施工质量管理贯穿工程施工的全过程。

3. 施工安全管理

工程建设部门的工伤事故率较高，往往造成巨大的经济损失和恶劣的社会影响，在工程施工中，防止工伤事故、保障人身安全是一个值得重视的问题。作为承包商，应自觉地建立安全制度，保证整个工程项目的安全生产。这样做不仅是从经济损失上考虑，更重要的是基于对劳动人民生命健康的关怀。遵守国家的安全生产法规，还体现了一个承包公司的管理水平和业务形象。

“生产必须安全，安全为了生产”，在施工中必须加强安全管理，确保施工安全。

为了保证安全施工，在工程建设全过程中，从施工准备开始直到维修期满，都应该注意影响安全的因素，要及时采取预防措施，以防止安全事故的发生。一旦发生安全事故，要迅速采取处理措施。

为了实现安全生产，必须在施工现场建立起安全生产的保证系统，这包括以下三个方面：

（1）组织保证措施

工程项目组管理班子在项目经理的直接领导下，形成自己的安全生产系统。

（2）物质保证措施

安全生产的所需费用应列入间接费，在每个工程项目组内，应有充足的安全生产费，以便购置安全器械和设备，保证施工现场的紧急开支。

（3）健全安全生产规章制度

每个工程项目现场应有一套完善的保证安全生产的规章制度，并加以严格监督实施，才能起到预防事故的作用。在健全安全生产制度和各工种的安全操作规程前提下，还应定期召开安全生产会议；项目经理要经常检查安全生产规程和制度的执行情况；项目经理要把预防事故放在安全生产的首位。

质量管理和安全管理是技术管理的中心内容。一切重大的施工技术措施、施工操作规程和安全技术规程的制定与执行、施工现场的布置与安排等技术工作，都必须以保证工程质量和施工安全为前提。另外，要加强原材料的质量检验和施工过程的质量控制及工程验收制度，这些也都是保证工程质量的重要措施。

4. **施工成本管理**

施工成本是项目施工过程中各种耗费的总和。施工成本是施工过程工作质量的综合性指标，反映着企业生产经营者管理活动各个方面的工作成果。施工成本管理是在保证满足工程质量、工期等合同要求的前提下，对施工实施过程中所发生的费用，通过预测、计划、组织、控制和协调等活动实现预定的成本目标，并尽可能地降低成本费用的一种科学的管理活动，它主要通过技术（如施工方案的制定比选）、经济（如核算）和管理（如施工组织管理、各项规章制度等）活动达到预定目标，从而实现盈利的目的。

施工项目成本管理的内容包括施工项目成本预测、成本计划、成本控制、成本核算、成本分析和成本考核，每一环节都是相互联系和相互作用的，通过这些环节的工作，促使项目内各种成本要素按一定的目标运行，将实际成本控制在预定的目标成本范围内。

施工项目成本控制的原则如下：

（1）开源与节流相结合的原则。

（2）全面控制原则。

（3）中间控制原则。

（4）目标管理原则。

（5）节约原则。

（6）例外管理原则。

（7）责、权、利相结合的原则。

劳动工资管理主要解决施工机构合理的人员编制、劳动组织、职工培训、劳动保护及奖惩制度等问题。正确贯彻按劳分配，不断地提高劳动生产率。

定额管理实质上就是对人力、物力的消耗进行控制，它是计划管理的基础，没有定额就无法实施编制计划。

财务管理是从经济上控制施工、技术和财务活动的重要手段，施工管理机构必须严格执行经济核算制度，力求减少建设费用，合理使用建设资金，获得最佳的经济效果。

（二）施工管理全过程

施工管理是对水利水电工程的施工全过程所进行的组织和管理。这个全过程包括签订合同、施工准备工作、现场施工管理、工程的交工验收四个阶段。

1. 施工准备工作

施工准备工作是水利水电工程组织施工和管理的重要内容，是建设安装工程得以顺利进行的重要保证。任何工程开工前必须有合理的工程准备期。施工准备的内容很多，以单项工程为例，包括建立指挥机构、编制施工组织设计、征地和拆迁、临时设施的修建、建筑材料和施工机械的准备、施工队伍的集结、后勤准备及现场的“四通一平”（水、电、通信、道路通、场地平整）等工作。

2. 现场施工管理

现场施工管理就是在施工阶段的组织和管理工作。主要内容包括如下两个方面：

（1）按计划组织经过优化的综合施工

现代的水利水电工程施工需要多个不同工种，配备不同机械设备，使用不同材料的工人队伍，在不同的工作地点，按预定的顺序和时间，高度协调配合才能顺利施工作业。所以，要搞好综合施工，必须做好以下工作：

①提高计划的可靠性和科学性。

②合理地进行组织指挥。

③建立健全岗位制和承包制。

④做好技术物资的保障工作。

（2）施工过程的全面控制

控制包括检查和调节两个职能。水利水电工程施工是一个动态过程，所以在施工的全面控制过程中，要增大主动控制的比例，同时也要进行定期连续的被动控制。施工过程的全面控制，就是对施工过程在进度、质量、成本、节约、安全等方面实行全面控制。目的是全面完成计划任务，以期总目标的实现。

3. *工程的交工验收*

工程的交工验收是工程施工生产组织管理的最后阶段，是对设计、施工、生产准备工作进行检验评定的重要环节，也是对基本建设成果和投资效果的总检查。

工程的交工验收工作一般分为以下两个阶段：

（1）单项工程验收。

（2）全部验收。

做好交工验收的基础工作如下：

（1）收集齐全交工验收的依据和标准。

（2）建立好交工验收的技术档案资料。

（3）严格执行交工验收的工作程序。

第五节　运行期管理

一、水利工程管理工作的内容

水利工程建成后，必须通过有效的管理，才能实现预期的工程效益并验证原来规划、设计的正确性。水利工程管理的根本任务是：利用工程措施，对天然径流进行实时的时空再分配，即合理调度，以适应人类生产和生活的需求。水工建筑物管理的目的在于：保持建筑物和设备经常处于良好的技术状况，正确使用工程设施，调度水资源，充分发挥工程效益，防止工程事故。水工建筑物管理是水利工程管理的一部分。由于水工建筑物种类繁多，功能和作用又不尽相同，所处客观环境也不一样，所以管理具有综合性、整体性、随机性和复杂性的特点。根据国内外数十年现代管理的经验，大坝安全是管理工作的中心和重点。《水库大坝安全管理条例》规定：必须按照有关技术标准，对大坝进行安全监测和检查，并指出，大坝包括永久性挡水建筑物以及与其配合运用的泄洪、蓄水和过船建筑物等。这里的“大坝”，实际上是指包括大坝在内的各种水工建筑物。在国际上，“大坝”一词有时也具有水库、水利枢纽、拦河坝等综合性含义。因此，这里所讨论的管理，实际上也可以理解为以大坝为中心的水利工程的安全监测和检查，属于水工建筑物的技术管理。其主要工作包括以下几点：

（一）检查与观测

通过管理人员现场观察和仪器的测验，监视工程的状况和工作情况，掌握其变化规律，为正确管理运用提供科学依据；及时发现不正常迹象，采用正确措施，防止事故发生，保证工程安全运用；通过原型观测，对建筑物原设计的计算方法和计算数据进行验证；根据水质变化动态做出水质预报。检查观测的项目一般有观察、变形观测、渗流观测、应力观测、混凝土建筑物温度观测、水工建筑物水流观测、冰情观测、水库泥沙观测、岸坡崩塌观测、库区浸没观测、水工建筑物抗震监测、隐患探测、河流观测及观测资料的整编及分析等。

（二）养护修理

对水工建筑物、机电设备、管理设施及其他附属工程等进行经常性养护，并定期检修，以保证工程完整、设备完好。养护修理一般可分为经常性的养护维修、岁修和抢修。水工建筑物长期与水接触，需要承受水压力、渗透压力，有时还受侵蚀、腐蚀等化学作用；泄流时可能产生冲刷、空蚀和磨损；设计考虑不周或施工过程中对质量控制不严，在运行中可能出现问题；建筑物遭受特大洪水、地震等预想不到的情况而引起破坏等，所以需要对水工建筑物进行经常性养护，发现问题，及时修理。

水工建筑物养护和修理的基本要求是：严格执行各项规章制度，加强防护和事后的修整工作，以保证建筑物始终处于完好的工作状态。要本着“养重于修，修重于抢”的精神，做到“小坏小修，不等大修；随坏随修，不等岁修”。

（三）调度运用

制定调度运用方案，合理安排除害与兴利的关系，综合利用水资源，充分发挥工程效益，确保工程安全。调度运用要根据已批准的调度运用计划和运用指标，结合工程实际情况和管理经验，参照近期气象水文预报情况，进行优化调度。

（四）水利管理自动化系统的运用

主要项目有大坝安全自动监控系统、防洪调度自动化系统、调度通信和警报系统、供水调度自动化系统。

（五）科学试验研究

针对已经投入运行的工程，为保证安全、提高社会经济效益、延长工程设施的使用年限、降低运行管理费用，在水利工程中采用新技术、新材料、新工艺等方面进行试验研究。

（六）积累、分析、应用技术资料，建立技术档案

现在，我国已修订颁布了《中华人民共和国水法》。国务院又颁布了大坝安全管理等一系列条例、规范，这是水工建筑物管理的依据。

二、水工建筑物安全监测

现在的坝工设计标准或规范，都是在一些经典原理和总结过去经验的基础上制定的。人们对结构性态的认识，基本上也是从观测资料中分析得来的。

（一）大坝安全监测的主要作用

大坝安全监测的主要作用反映在以下三个方面：

1. 施工管理

施工管理主要是：①为大体积混凝土建筑物的温控和接缝灌浆提供依据，例如施工缝灌浆时间的选择需要了解坝块温度和施工中缝的封闭状况；②掌握土石坝坝体固结和孔隙水压力的消散情况，以便合理安排施工进度等。

2. 大坝运行

大坝一般是建成后蓄水，但也有的是边建边蓄水。蓄水过程对工程是最不利的时期。这期间必须对大坝的微观、宏观的各种性态进行监测，特别是变位和渗流量的测定更为重要。对于扬压力、应力、应变及山岩变位、两岸渗流等的监测都是重要的。土石坝的浸润线、总渗水量，重力坝的扬压力变化、坝基附近情况，拱坝的拱端和拱冠应力沿高程变化、温度分布等情况都需要特别注意。

3. 科学研究

以分析研究为目标的监测，可根据坝形确定观测内容。例如，重力坝纵缝的作用，横缝灌浆情况下的应力状态；拱坝实际应力分析与计算值、试验值的比较；土石坝的应力应变观测等。这些工作实际上就是很难得的 1∶1 的原型试验，实测的结果可对原先所做的计算工作或小比例尺的模型试验进行最有说服力的验证。正因为原型试验观测比模型试验和理论计算更接近实际情况，所反映的因素更多，所观测的结果更重要，所以对大坝安全观测的可靠性要求更高，观测仪器的布点就更要斟酌，甚至要重复配置。

（二）水工建筑物安全监测的工作内容

水工建筑物安全监测包括现场检查和仪器监测两个部分。

1. 现场检查

现场检查或观察就是用直觉方法或简单的工具，从建筑物外观显示出来的不正常现象中分析判断建筑物内部可能产生问题的方法，是一种直接维护建筑物安全运行的措施。即使有较完善监测仪器设施的工程，现场检查也是保证建筑物安全运行不可替代的手段。因为建筑物的局部破坏现象（也许是事故的先兆），既不一定反映在所设观测点上，也不一定发生在所进行的观测时刻。

检查分为经常检查、定期检查和特别检查。经常检查是一种经常性、巡回性的制度式检查，一般一个月 1~2 次；定期检查需要一定的组织形式，进行较全面的检查，如每年大汛前后的检查；特别检查是指发现建筑物出现破坏、故障情况，对安全有疑虑时组织的专门性检查。

检查的内容包括土工建筑物边坡或堤（坝）脚的裂缝、渗水、塌陷等现象，混凝土建筑物的坝顶、坝面、廊道、消能设施等处的裂缝、渗漏、表面脱落、侵蚀等现象。

应当指出，监测或检查都是非常重要的，特别是中小型工程，主要靠经常性地观察与检查，发现问题，及时处理。

2. 仪器监测

（1）变形观测

变形观测包括土工、混凝土建筑物的水平及铅垂位移观测，它是判断水工建筑物正常工作的基本条件，是一项很重要的观测项目。

①水平位移观测

坝体表面的水平位移可用视准线法或三角网法施测，前者适用于以坝轴线为直线、顶长不超过 600m 的坝，后者可用于任何坝形。

视准线法是在两岸稳固岸坡上便于观测处设置工作基点间的视准线来测量各测点的水平位移的方法。

三角网法是利用两个或三个已知坐标的点作为工作基点，通过对测点交会算出其坐标变化，从而确定其位移值。

较高混凝土坝坝体内部的水平位移可用正垂线法、倒垂线法或引张线法测量。

a. 正垂线法是在坝内观测竖井或空腔的顶部一个固定点上悬挂一条带有重锤的不锈钢丝，当坝体变形时，钢丝仍保持铅直，可用以测量坝内不同高程测点间的相对位移。正垂线通常布置在最大坝高、地质条件较差及设计计算的坝段内，一般大型工程不少于三条，中型工程不少于两条。

b. 倒垂线法是将不锈钢丝锚固在坝体基岩深处，顶端自由，借液体对浮子的浮力将钢丝拉紧。因底部固定，故可测定各测点的绝对水平位移。

c. 引张线法是在坝内不同高程的廊道内，通过设在坝体外两岸稳固岩体上的工作基点，将钢丝拉紧，以其作为基准线来测量各点的水平位移。

②铅直位移（沉降）观测

各种坝形外部的铅直位移，均可采用精密水准仪测定。

对混凝土坝坝内的铅直位移，除精密视准法外，还可用精密连通管法测量。

土石坝的固结观测，实质上也是一种铅直位移观测。它是在坝体有代表性的断面（观测断面）内埋设横梁式固结管、深式标点组、电磁式沉降计或水管式沉降计，通过逐层测量各测点的高程变化计算固结量。土石坝的孔隙水压力观测应与固结观测配合布置，用于了解坝体的固结程度和孔隙水压力的分布及消散情况，以便合理安排施工进度，核算坝坡的稳定性。

（2）裂缝观测

混凝土建筑物的裂缝是随荷载环境的变化而开合的。观测方法是在测点处埋设金属标点或用测缝计进行。需要观测空间变化时，亦可埋设“三向标点”。裂缝长度、宽度、深度的测量可根据不同情况采用测缝计、设标点、千分表、探伤仪，以及坑探、槽探或钻孔等方法。

当土石坝的裂缝宽度大于5mm，或虽不足5mm但较长、较深或穿过坝轴线时，以及弧形裂缝、垂直错缝等都须进行观测。观测次数视裂缝变化情况而定。

（3）应力及温度观测

在混凝土建筑物内设置应力、应变和温度观测点能及时了解局部范围内的应力、温度及其变化情况。

应力（或应变）的离差比位移要小得多，作为安全监控指标比较容易把握，故常以此作为分组报警指标。应力属建筑物的微观性态，是建筑物的微观反映或局部现象的反映。变位或变形则属于综合现象的反映。埋设在坝体某一部位的仪器出现异常，总体不一定异常；总体异常，也不一定所有监测仪表都异常，但有的仪表一定会异常。我国大坝安全监测经验表明：应力、应变观测比位移观测更易于发现大坝异常的先兆。

应力、应变测量埋件有应力或应变计，钢筋、钢板应力计，锚索测力器等，都需要在施工期埋设在大坝内部，对施工干扰较大，且易损坏，更难进行维修与拆换，故应认真做好。应力、应变计等须用电缆接到集线箱，再使用二次仪表进行定期或巡回检测。在取得

测量数据推算实际应力时，还应考虑温度、湿度及化学作用、物理现象（如混凝土徐变）的影响。把这部分影响去掉才是实际的应力或应变，为此还需要同时进行温度等一系列同步测量，并安装相应的埋件。

在土石坝坝体内，或水闸的边墩、翼墙、底板等土与混凝土建筑物接触处，常须测量土压力，所用仪器为土压计。

（4）渗流观测

据国内外统计，因渗流引起大坝出现事故或失事的约占40%。水工建筑物渗流观测的目的是，以水在建筑物中的渗流规律来判断建筑物的性态及其安全情况。

①土石坝的渗流观测

土石坝的渗流观测包括浸润线、渗流量、土石坝的孔隙水压力观测、渗水透明度观测等。

a. 浸润线观测。实际上就是用测压管观测坝体内各测点的渗流水位。坝体观测断面上一些测点的瞬时水位连线就是浸润线。由于上下游水位的变化，浸润线也随时变化。所以，浸润线要经常观测，以监测大坝防渗、地基渗透稳定性等情况。测压管水位常用测深锤、电测水位计等测量。测压管用金属管或塑料管。测压管由进水管段、导管和管口保护三部分组成。进水管段须渗水运畅、不堵塞，为此在管壁上应钻有足够的进水孔，并在管的外壁包扎过滤层；导管用以将进水管段延伸到坝面，要求管壁不透水；管口保护用于防止雨水、地表水流入，避免石块等杂物掉入管内。测压管应在坝竣工后蓄水之前钻孔埋设。

b. 渗流量观测。一般将渗水集中到排水沟（渠）中采用容积法、量水堰法或测流（速）方法进行测量，最常用的是量水堰法。

c. 坝基、土石坝两岸或连接混凝土建筑物的土石坝坝体的绕流观测方法与上述基本相同。

土石坝的孔隙水压力观测应与固结观测的布点相配合，其观测方法很多，如使用传感器和电学测量方法，有时能获得更好的效果，也易于遥测和数据的采集与处理。

d. 渗水透明度观测。为了判断排水设施的工作情况，检验有无发生管涌的征兆，须对渗水进行透明度观测。

②混凝土建筑物的渗流观测

坝基扬压力观测多用测压管，也可采用差动电阻式渗压计。测点沿建筑物与地基接触面布置。坝体内部渗透压力可在分层施工缝上布置差动电阻式渗压计。与土石坝不同的是，渗压计等均须预先埋设在测点处。

混凝土建筑物的渗流量和绕坝渗流的观测方法与土坝相同。

(5) 水流观测

对于水位、流速、流向、流量、流态、水跃和水面线等项目，一般是用水文测验的方法进行测量，辅以摄影、目测、描绘和描述。

对于由高速水流所引起的水工建筑物振动、空蚀、进气量、过水面压力分布等项目的观测部位、观测方法、观测设备等。

三、大坝安全评价与监控

对大坝进行安全评价与监控是水工建筑物管理中的重要内容。评估大坝安全的方法较多，目前常用的是综合评价安全系数和风险分析等方法。

对大坝进行安全监控和提出监控指标是一个相当复杂的问题，有的指标可以定量，有的指标就难以定量，这些问题都需要进行研究。

大坝从开始施工至竣工及其在运行期间都在不断发生变化。这些变化主要与大坝本身和外部、环境等各种因素有关。因此，在评价其安全度时应考虑这些因素和潜在危险因素及事故发生后的严重性等。国际大坝委员会曾制定过一个危险状况评价表，通过对大坝各种资料（包括规划、设计、施工和运行监测等）进行不同层次的分析，然后凭借（专家）经验、推理判断，进行决策的综合评价。

在大坝安全监测中，用高效的自动化监测及实时分析评判系统代替现有的以人工监测为主的传统方法是一种必然趋势。从我国当前的实际情况来看，许多大坝管理单位正在积极地进行监测系统的自动化改造。这种自动化改造包括两个方面：首先是在硬件上，主要是采用一系列新型的、可靠耐用的自动化数据采集仪；其次是在软件上，主要是对大量的监测数据进行快速、准确的分析，能够对各种监测数据做出迅速反馈，评价大坝安全状况。所以，对于现代大坝安全监测，最重要的是能够高效地处理实际监测值，这取决于软件开发中所选择的数据库访问技术。一个好的数据库访问技术不仅能提高工作效率，而且能提高数据库的安全性。

对大坝安全进行定量评估，在于建立安全评价的数学模型和大坝观测的数据库。在我国，应用分析软件包对原始观测数据库进行处理和计算已有先例。

（一）数学模型

大坝安全监测可采集大量的观测资料，但如何显示大坝工作状态和对大坝安全性做定量评价，关键是如何建立安全评价的数学模型，利用这些数学模型对大坝及坝基敏感部位的观测数据进行计算分析，了解和判断大坝运行的工作状态，描述大坝性态的变化规律。目前，我国多采用统计模型、确定性模型和综合二者建立起来的混合模型。

1. **统计模型**

统计模型是根据正常运行状态下某一效应量（如位移或应力）的实测数据通过统计分析建立起来的效应量与原因量之间相互关系的数学模型。只要原因量（如水位、温度）在运行变化范围内，则可预测今后相应关系的效应量。回归分析是建立数学统计模型的一种主要方法。统计模型建立后，将模型取得的解析值与实测值进行比较，即可获得大坝工作性态的有效信息。

统计模型是一种广泛使用的数学模型，适用于进行多种大坝性态特征观测量的分析。某种荷载（如水库水位、坝体温度等称为原因量）作用于大坝上，必然引起大坝性态的一定变化（如位移、应力、渗流量等称为效应量）。根据长期观测资料，运用数理统计方法建立原因量和效应量之间的数学关系，通常采用逐步回归分析方法加以实现，其基本公式为：

$$\delta(t)=f(l)+\varphi(T_{i})+\psi(t)+\varepsilon \tag{5-1}$$

式中　$\delta(t)$ ——在 t 时刻某测点的一种观测量，例如坝顶某点的水平位移；

$f(l)$ ——库水位 l 的某种函数；

$\varphi(T_{i})$ ——温度 T_{i} 的某种函数；

$\psi(t)$ ——大坝运行时间的某种函数，通常称为时间效应，或简称时效；

ε ——残差，通常是随机变化的。

2. **确定性模型**

确定性模型是以水工设计理论为基础，依据大坝的环境条件、受荷状况、结构特性、建筑物及坝基材料的物理力学参数演绎计算，并结合实测值的信息反馈，对计算假定和参数进行调整后建立起来的原因量与效应量之间的因果关系式。它代表大坝及坝基在正常运行状态下效应量的变化规律。使用这一模型可以预测以后某一时刻在某一环境和荷载条件（如水位、温度）下的某一效应量（如位移或应力）。当在同种条件下某一效应量的实测值与模型预报值之差处于容许的范围之内时，则认为该部位处于正常状态，否则为不正常状态。一般可按三维有限元法分析计算。

确定性模型是以有限元等力学计算方法进行大坝结构分析为基础建立的数学模型，其基本公式与式（5-1）相似，但各项函数的来源不同，例如水位分量的函数为：

$$f[l(t)]=x\delta_{1}[l(t)] \tag{5-2}$$

式中　x ——调整系数；

$\delta_{1}[l(t)]$ ——描述水库水位引起的大坝特征值（如位移）变化的函数，它可用材料力学方法或有限元方法计算。

计算时采用的材料力学常数是假定的或试验测定的，和实际情况有出入，因此根据观测成果用最小二乘法校正调整系数 x，使确定性模型能更好地反映大坝实际性态的规律。为了考虑因素更全面，需要采用更多的调整参数。用同样方法处理温度分量及其他的因量，即可获得完整描述大坝性态的确定性模型。

利用确定性模型进行大坝性态的预报将更为准确可靠，但建立模型的工作量将大得多，计算费用也将高得多。至 20 世纪 80 年代中期，还只建立了考虑线性应力—应变关系的混凝土坝的位移和转动的确定性模型。

考虑非线性应力—应变关系（例如土石坝），混凝土坝的应力、扬压力、渗流量的确定性模型还在研究中。

3. **混合模型**

混合模型是指温度分量的变化函数用统计模型建立、水位分量的变化函数用确定性模型建立的一种数学模型。因为温度对混凝土坝位移的影响十分显著，统计模型中的温度分量较为准确可靠，而用有限元方法计算温度位移的工作量大得多，为此采用混合模型代替确定性模型，既经济又实用。

统计模型、确定性模型和混合模型各有其适用范围，选用何种模型应根据效应量和实测资料的具体情况确定。从实用的观点来看，在施工和第一次蓄水阶段以采用确定性模型为宜，而在正常运行阶段，统计模型可以用于各种因变量的分析。到目前为止，确定性模型仅对混凝土坝的位移分析取得了较好的结果，但就大坝安全而论，位移不一定是最重要的，比如渗流量就常常是衡量大坝安全状况的一个非常重要而敏感的效应量，但是至今还未能建立起比较理想的确定性模型，而只能利用统计模型。至于对复杂地基和土石坝变形，由于存在强非线性成分，更难以采用确定性模型。

反映大坝性态变化规律的数学模型建立后，还需要根据设计资料和运行条件确定大坝安全监控指标，编制程序，用电子计算机实现大坝安全监控。

（二）数据库

为了更快更好地对观测资料进行整理和保存，并为数据处理做好充分的前期工作，对一个工程来说，要求数据库和软件包具有广泛的适用性和针对性。一座混凝土坝的安全监测数据库系统，需要有一个仪器观测数据库（坝体变形、温度、接缝、基岩变形、应力及应变、扬压力等分库）和工程情况库（上下游水位、气温及水温、闸门、发电站钢管等分库）。应用软件能够对大坝观测数据的各类数据库文件进行管理。

当前最为流行的连接数据库源的方法是 ODBC API（开放式数据库互联应用程序接

口），ODBC 是基于 C/C++的 API，如果要在 VB 中直接使用 ODBC API，需要有大量的函数原型说明，并且所涉及的都是较烦琐、低层次的编程工作，一般的 VB 程序中很少使用。ODBC 是一种较快的访问数据源的方法，但其缺点也十分明显，它依赖 SQL 获取和更新数据，而 SQL 只适合于带有 SQL 解释器或编译器的客户/服务器和 Jet 数据库。对于电子表格、E-mail 消息和文件/目录系统之类的数据源，基于集的命令方式就难以实现。

大坝监测数据分析的核心是几个功能模块：数据整编模块、建模分析模块、图形处理模块等。对一个具体的功能模块来说，给其一个确定的输入，必定有一个相应的输出，而这些输入/输出都可归纳为一组相关数据的集合。对于建模分析模块，其输入为某一个或是一系列测点（如水平位移）在某段时间内的数据集及环境量，经过建模分析（回归统计模型、确定性模型、混合模型等），输出为对应测点的各个回归系数及复相关系数等。

四、大坝安全自动监控系统

大坝安全自动监控系统由在线监控系统和离线监控系统两部分组成。

（一）在线监控系统

在线监控系统由安装或埋设在大坝上的观测传感器、遥测集线箱和自动监控微机系统组成。

观测传感器埋设在大坝内部或安装在大坝和廊道的表面，是采集大坝和坝基有关点位特定观测量的仪器，包括温度计、应变计、测缝计、孔隙压力计等，以及挠度、转动、扬压力、漏水量等观测项目的遥测仪器。

遥测集线箱通常安装在观测传感器附近，是切换观测传感器实现巡回检测的观测设备。有一种类型的遥测集线箱还具有模/数变换能力，如将观测传感器的电模拟量变换为数字量向微机系统传输。

自动安全监控微机系统安装在坝上或坝址附近观测室中，以微型电子计算机为核心，内专用接口联结不同类型传感器测量仪表和相应的外部设备，在检测管理软件和数据处理软件的支持下，实现下述功能：

一是根据需要，可采取不同的测量方式，如单点测量、选点测量和系统巡回测量。

二是对观测数据进行检验和误差修正，发现异常值时进行报警。

三是将正常观测数据计算成各种观测项目的观测成果，按需要输出或存储。

四是运用观测成果和已建立的数学模型，进行控制大坝安全特征值的预报。

五是将上述预报值和实测值比较，当二者的差值超过设定的安全监控指标时，进一步分析后采取相应措施。

六是当观测传感器失效或设备发生故障时，进行自动检查和诊断，显示故障位置，恢复系统正常工作。

（二）离线监控系统

离线监控系统通常设置在观测资料分析中心或有关的管理机构内，主要由计算机、相应的外部设备和专用的数据管理软件组成。

在线监控系统的观测数据和观测成果用磁带、软盘或采用其他传输方式传送到主机进行离线处理，其工作内容有下述五个方面：

一是检验、修正和管理观测资料及各项观测成果，存入数据库。

二是对长期系列观测资料进行初步分析，研究观测量之间的相对性及长期变化趋势。

三是对长期系列观测资料进行系统分析，建立安全监控数学模型，并定期进行校正。

四是用数学模型进行观测量预报，并进一步和实测资料比较分析。当大坝上设有在线监控系统时，这一步工作在在线监控系统上实现，此时离线处理即作为复核程序。

五是根据管理机构的要求，输出规定的图形和报表，编制工程管理文件。

通过现场观测及数据处理得到的大坝性态实测值 E_0（例如实测位移值）和通过监控模型求得的预测值 R_e 比较，如二者之差值小于允许偏差 t，表示大坝性态正常。如差值超出预定范围，可能有下列情况发生：

一是大坝性态异常。根据差值大小及大坝宏观状态变化（如裂缝、漏水）采取不同的应急措施，如降低水位、放空水库、维修加固等。

二是荷载或结构条件变化。如大坝承受超高水位、超高温和超低温或工程老化等，正常条件下的大坝性态数学模型已失去代表性，应进一步对大坝检查测试，并利用新条件下的观测资料重新校正数学模型的参数。

三是观测系统不正常。例如某些仪器失效、电缆或集线箱损坏、检测装置和微机系统产生故障等，应对观测系统进行检查维修。

在大坝性态正常的时候，也应定期对数学模型的参数进行校正，同时根据工程勘测设计资料结合实际运行经验修正安全控制指标，使允许偏差 t 满足安全监控要求。

大坝安全监控自动化的发展趋向，是使大坝安全监控自动化技术更为全面、正确、可靠，例如研究应力、渗流的确定性模型，考虑材料的非线性应力—应变关系的数学模型，研制考虑各种不安全因素的监控程序，研制更加优越的硬件系统等。在微型电子计算机辅助下，能够实现大坝观测数据自动采集、处理和分析计算，对大坝性态正常与否做出初步判断和分级报警的观测系统。这种自动化的观测系统是保证大坝安全的重要手段，和人工观测系统相比，具有以下特点：

一是能够快速及时地察觉大坝的异常性态，提高大坝安全监控的工作效率。自动化观测系统能够对大坝上埋设安装的各种观测传感器进行巡回检测，必要时可以反复进行，及时计算和分析比较，判断大坝性态是否异常。全部工作可在很短时间内完成，人工观测系统无法与之相比。

二是观测成果准确可靠。自动化观测系统，能够对观测数据自动进行检验复测或修正误差。自动化观测系统工作过程中，很少人工操作，因此可减少由人为因素引起的观测和计算误差。

三是管理费用降低。近些年，国内已有较多水电厂实现了内部观测、变形、渗流、环境等全面的监测自动化，测点数达几百点段至上千点段。自动化观测系统节省了观测和分析计算的人力，降低了工程管理费用。

五、安全监测的新发展和展望

20 世纪 90 年代初，美国的全球定位系统（GPS）投入运行，90 年代中期，俄罗斯的 GLONASS 系统完成构建，从而为开创现代卫星定位技术打下了基础。就测绘领域而言，卫星定位技术的应用，不仅使测绘学科本身发生了根本性变革，而且对许多相关学科的发展也起着重要的推动作用。

为了进一步提高定位精度和扩大 GPS 技术的应用领域，广大科教工作者及测量人员多年来进行了不懈的努力和潜心研究，取得了可喜的成果。现有测量成果表明，GPS 平面定位的精度达到±（1~2）mm，用于安全监测的相对定位精度可以达到±1mm。这不仅从根本上解除了人们对 GPS 技术应用初期的一些误解和疑虑，而且对进一步推广该技术在各领域的应用起着十分重要的作用。

通常，大坝安全监测、岗边坡及滑坡监测的测点很多。针对此不足，目前已研制和开发了一机多天线的 GPS 监测系统，通过微波开关切换技术，经光纤传输，利用一台接收机测控多达 10 台以上的天线，从而大大降低了工程费用。一机多天线系统还十分有利于对高边坡、滑坡体的监测。许多大坝的近坝区存在滑坡，为了找到稳定点作为基准，通常采用跨越宽阔水面的对岸观测，有些观测距离长达几千米，不仅观测精度很低，而且每次观测中设置棱镜及照准标志非常困难。造价低的 GPS 一机多天线系统对于解决高边坡及库区滑坡体的监测具有很好的应用潜力。

坝区及周边地域的地质变形、构造和断层的变形、坝区附近地震的预测、水库蓄水对库区周围地层的影响等对大坝的安全监控有重要意义。因此，有必要建立较大范围的坝区安全监控网，进行定期或不定期的观测，可以根据需要加强对构造、断层、裂谷等不良地质条件活动情况的监测。大区域的 GPS 网，采用精密解算软件（如 Camit 等），可以有效地克服大气电离层、对流层的误差，使基线向量的精度达到 $10^{-8} \sim 10^{-7}$。

现代的一些大坝，高达200多米，有的坝形为拱形或双曲拱形。为了加强对变形较灵敏的坝顶部位的监测，通常采用倒垂连接分段正垂线的方法进行。这里存在倒垂埋设深度的问题，不仅使倒垂钻孔有很大难度，造价十分高，而且当垂线很长时，为了减小垂线本身的复位误差，要求浮体很大，从而进一步降低了垂线的灵敏度。可以估计，这种深度的倒垂，当考虑锚块本身的稳定性时，其观测精度不可能优于±1mm。此外，考虑正垂线测到坝顶的误差，将使整个监测系统的精度降得很低。在固定测站的GPS观测中，GPS相对测量的精度可达到或优于±1mm。因此，建立坝顶GPS观测系统对现代的高坝、曲线形大坝进行自动监控是必要且有利的。

第六章　水利水电工程建设质量管理

第一节　施工质量保证体系的建立和运行

一、工程项目施工质量保证体系的内容和运行

在工程项目施工中，完善的质量保证体系是满足用户质量要求的保证。施工质量保证体系通过对那些影响施工质量的要素进行连续评价，对建筑、安装等工作进行检查，并提供证据。质量保证体系是企业内部的一种系统的技术和管理手段；在合同环境中，施工质量保证体系可以向建设单位（项目法人）证明，施工单位具有足够的管理和技术上的能力，保证全部施工是在严格的质量管理中完成的，从而取得建设单位（项目法人）的信任。

质量保证体系是为了保证某项产品或某项服务能满足给定的质量要求的体系，包括质量方针和目标，以及为实现目标所建立的组织结构系统、管理制度办法、实施计划方案和必要的物质条件组成的整体。质量保证体系的运行包括该体系全部有目标、有计划的系统活动。其内容主要包括以下五个方面：

（一）施工项目质量目标

施工项目质量保证体系必须有明确的质量目标，并符合项目质量总目标的要求；要以工程承包合同为基本依据，逐级分解目标以形成在合同环境下的项目施工质量保证体系的各级质量目标。施工项目质量目标的分解主要从两个角度展开：从时间角度展开，实施全过程的管理；从空间角度展开，实现全方位和全员的质量目标管理。

（二）施工项目质量计划

施工项目质量保证体系应有可行的质量计划。质量计划应根据企业的质量手册和项目质量目标来编制。施工项目质量计划按内容可以分为施工质量工作计划和施工质量成本计

划。施工质量工作计划主要包括：质量目标的具体描述和定量描述，整个项目施工质量形成的各工作环节的责任和权限；采用的特定程序、方法和工作指导书；重要工序（工作）的试验、检验、验证和审核大纲；质量计划修订程序；为达到质量目标所采取的其他措施。施工质量成本计划是规定最佳质量成本水平的费用计划，是开展质量成本管理的基准。质量成本可分为运行质量成本和外部质量保证成本。运行质量成本是指为运行质量体系达到和保持规定的质量水平所支付的费用，包括预防成本、鉴定成本、内部损失成本和外部损失成本。外部质量保证成本是指依据合同要求向顾客提供所需要的客观证据所支付的费用，包括特殊的和附加的质量保证措施、程序、数据、证实试验和评定的费用。

（三）思想保证体系

用全面质量管理的思想、观点和方法，使全体人员真正树立起强烈的质量意识。主要通过树立“质量第一”的观点，增强质量意识，贯彻“一切为用户服务”的思想，以达到提高施工质量的目的。

（四）组织保证体系

工程施工质量是各项管理工作成果的综合反映，也是管理水平的具体体现。必须建立健全各级质量管理组织，分工负责，形成一个有明确任务、职责、权限，互相协调和互相促进的有机整体。组织保证体系主要由成立质量管理小组（QC 小组），健全各种规章制度，明确规定各职能部门主管人员和参与施工人员在保证和提高工程质量中所承担的任务、职责和权限，建立质量信息系统等内容构成。

（五）工作保证体系

工作保证体系主要是明确工作任务和建立工作制度，要落实在以下三个阶段：

1. 施工准备阶段的质量管理

施工准备是为整个工程施工创造条件。准备工作的好坏，不仅直接关系到工程建设能否高速、优质地完成，而且也决定了能否对工程质量事故起到一定的预防、预控作用。因此，做好施工准备的质量管理是确保施工质量的首要工作。

2. 施工阶段的质量管理

施工过程是建筑产品形成的过程，这个阶段的质量管理是确保施工质量的关键。必须加强工序管理，建立质量检查制度，严格实行自检、互检和专检，开展群众性的质量控制活动，强化过程管理，以确保施工阶段的工作质量。

3. 竣工验收阶段的质量管理

工程竣工验收，是指单位工程或单项工程竣工，经检查验收，移交给下一道工序或移交给建设单位。这一阶段主要应做好成品保护，严格按规范标准进行检查验收和必要的处置，不让不合格工程进入下一道工序或进入市场，并做好相关资料的收集整理和移交，建立回访制度等。

二、施工质量保证体系的运行

施工质量保证体系的运行，应以质量计划为主线，以过程管理为重心，按照 PDCA 循环的原理，通过计划、实施、检查和处理的步骤开展管理。质量保证体系运行状态和结果的信息应及时反馈，以便进行质量保证体系的能力评价。

（一）计划（Plan）

计划是质量管理的首要环节，通过计划，确定质量管理的方针、目标，以及实现方针、目标的措施和行动方案。计划包括质量管理目标的确定和质量保证工作计划。质量管理目标的确定，就是根据项目自身可能存在的质量问题、质量通病以及与国家规范规定的质量标准对比的差距，或者用户提出的更新、更高的质量要求所确定的项目在计划期应达到的质量标准。质量保证工作计划，就是为实现上述质量管理目标所采用的具体措施的计划。质量保证工作计划应做到材料、技术、组织三落实。

（二）实施（Do）

实施包含两个环节，即计划行动方案的交底和按计划规定的方法及要求展开的施工作业技术活动。首先，要做好计划的交底和落实。落实包括组织落实、技术和物资材料的落实。有关人员要经过培训、实习并经过考核合格再执行。其次，计划的执行要依靠质量保证工作体系，也就是要依靠思想工作体系，做好教育工作；依靠组织体系，即完善组织机构、责任制、规章制度等各项工作；依靠产品形成过程的质量管理体系，做好质量管理工作，以保证质量计划的执行。

（三）检查（Check）

检查就是对照计划，检查执行的情况和效果，及时发现计划执行过程中的偏差和问题。检查一般包括两个方面的内容：一是检查是否严格执行了计划的行动方案，检查实际条件是否发生变化，总结成功执行的经验，查明没按计划执行的原因；二是检查计划执行的结果，即施工质量是否达到标准的要求，并对此进行评价和确认。

（四）处理（Action）

处理就是在检查的基础上，把成功的经验加以肯定，形成标准，以利于在今后的工作中以此作为处理的依据，巩固成果，同时采取措施，克服缺点，吸取教训，避免重犯错误。对于尚未解决的问题，则留到下一次循环再加以解决。

质量管理的全过程是反复按照PDCA循环周而复始地运转，每运转一次，工程质量就提高一步。PDCA循环具有大环套小环、互相衔接、互相促进、螺旋式上升、形成完整的循环和不断推进等特点。

第二节　施工阶段质量管理

一、施工质量管理的基本内容和方法

（一）施工质量管理的基本环节

施工质量管理应贯彻全面、全过程质量管理的思想，运用动态管理原理，进行质量的事前管理、事中管理和事后管理。

1. 事前质量管理

即在正式施工前进行的主动质保管理，通过编制施工项目质量计划，明确质量目标，制定施工方案，设置质量管理点，落实质量责任，分析可能导致质量目标偏离的各种影响因素，针对这些影响因素制定有效的预防措施，防患未然。

2. 事中质量管理

即在施工质量形成过程中，对影响施工质量的各种因素进行全面的动态管理。事中质量管理首先是对质量活动的行为约束，其次是对质量活动过程和结果的监督管理。事中质量管理的关键是坚持质量标准，管理的重点是工序质量、工作质量和质量管理点的管理。

3. 事后质量管理

事后质量管理也称为事后质量把关，以使不合格的工序或最终产品（包括单位工程或整个工程项目）不流入下一道工序、不进入市场。事后管理包括对质量活动结果的评价、认定和对质量偏差的纠正。管理的重点是发现施工质量方面的缺陷，并通过分析提出施工质量改进的措施，保持质量处于受控状态。

以上三大环节不是互相孤立和截然分开的，它们共同构成有机的系统过程，实质上也就是质量管理 PDCA 循环的具体化，在每一次滚动循环中不断提高，达到质量管理的持续改进。

（二）施工质量管理的依据

1. 共同性依据

共同性依据指适用于施工阶段且与质量管理有关的通用的、具有普遍指导意义和必须遵守的基本条件。主要包括：工程建设合同；设计文件、设计交底及图纸会审记录、设计修改和技术变更等；国家和政府有关部门颁布的与质量管理有关的法律和法规性文件，如《建筑法》《招标投标法》和《建筑工程质量管理条例》等。

2. 专门技术法规性依据

专门技术法规性依据指针对不同的行业、不同质量管理对象制定的专门技术法规文件。包括规范、规程、标准、规定等，如水利水电工程建设项目质量检验评定验收标准，水利工程强制标准，有关建筑材料、半成品和构配件的质量方面的专门技术法规性文件，有关材料验收、包装和标志等方面的技术标准和规定，施工工艺质量等方面的技术法规性文件，有关新工艺、新技术、新材料、新设备的质量规定和鉴定意见等。

（三）施工质量管理的一般方法

1. 质量文件审核

审核有关技术文件、报告或报表，是项目经理对工程质量进行全面管理的重要手段。这些文件包括以下内容：

（1）施工单位的技术资质证明文件和质量保证体系文件。

（2）施工组织设计和施工方案及技术措施。

（3）有关材料和半成品及构配件的质量检验报告。

（4）有关应用新技术、新工艺、新材料的现场试验报告和鉴定报告。

（5）反映工序质量动态的统计资料或管理图表。

（6）设计变更和图纸修改文件。

（7）有关工程质量事故的处理方案。

（8）相关方面在现场签署的有关技术签证和文件等。

2. 现场质量检查

（1）现场质量检查的内容

①开工前的检查

主要检查是否具备开工条件，开工后是否能够保持连续正常施工，能否保证工程质量。

②工序交接检查

对于重要的工序或对工程质量有重大影响的工序，应严格执行“三检”制度，即自检、互检、专检。未经监理工程师（或建设单位技术负责人）检查认可，不得进行下一道工序施工。

③隐蔽工程的检查

施工中凡是隐蔽工程必须检查认证后方可进行隐蔽掩盖。

④停工后复工的检查

因客观因素停工或处理质量事故等停工时，经检查认可后方能复工。

⑤分项、分部工程完工后的检查

应经检查认可，并签署验收记录后，才能进行下一工程项目的施工。

⑥成品保护的检查

检查成品有无保护措施以及保护措施是否有效可靠。

（2）现场质量检查的方法

现场质量检查的方法主要有目测法、实测法和试验法等。

①目测法

即凭借感官进行检查，也称观感质量检验，其手段可概括为“看、摸、敲、照”四个字。看，就是根据质量标准要求进行外观检查。例如，对混凝土衬砌的表面，检查浆砌石的错缝搭接，粉饰面颜色是否良好、均匀，工人的操作是否正常，混凝土外观是否符合要求等。摸，就是通过触摸手感进行检查、鉴别。例如，油漆的光滑度，掉粉、掉渣情况，粗糙程度等。敲，就是运用敲击工具进行音感检查，例如，对地面工程、装饰工程中的饰面等，均应进行敲击检查。照，就是通过人工光源或反射光照射，检查难以看到或光线较暗的部位。例如，管道井、电梯井等内的管线、设备安装质量，装饰吊顶内连接及设备安装质量等。

②实测法

就是通过实测数据与施工规范、质量标准的要求及允许偏差值进行对照，以此判断质量是否符合要求。其手段可概括为“量、靠、套、吊”四个字。量，就是指用测量工具和计量仪表等检查断面尺寸、轴线、标高、湿度、温度等的偏差。例如，混凝土拌和料的温度、混凝土坍落度的检测等。靠，就是用直尺、塞尺检查诸如墙面、地面、路面等的平整度。套，就是以方尺套方，辅以塞尺检查。例如，对阴阳角的方正、预制构件的方正、门窗口及构件的对角线检查等。吊，就是利用托线板以及线锤吊线检查垂直度。例如，砌体

垂直度检查、闸门导轨安装的垂直度检查等。

③试验法

是指通过必要的试验手段对质量进行判断的检查方法。主要包括以下两点：

a. 理化试验

工程中常用的理化试验包括力学性能、物理性能方面的检验和化学成分及其含量的测定几个方面。力学性能的检验，如各种力学指标的测定，包括抗拉强度、抗压强度、抗弯强度、抗折强度、冲击韧性、硬度、承载力等。各种物理性能方面的测定，如密度、含水量、凝结时间、安定性及抗渗、耐磨、耐热性能等。化学成分及其含量的测定，如钢筋中的磷、硫含量，混凝土粗骨料中的活性氧化硅成分，以及耐酸、耐碱、抗腐蚀性等。此外，根据规定有时还须进行现场试验，例如，对桩或地基的静载试验、下水管道的通水试验、压力管道的耐压试验、防水层的蓄水或淋水试验等。

b. 无损检测

利用专门的仪器仪表从表面探测结构物、材料、设备的内部组织结构或损伤情况。常用的无损检测方法有超声波探伤、X 射线探伤、Y 射线探伤等。

二、施工准备的质量管理

（一）承包人组织机构和人员

在合同项目开工前，承包人应向监理人呈报其实施工程承包合同的现场组织机构表及各主要岗位的人员的主要资历，监理机构在总监理工程师主持下进行认真审查。施工单位按照投标承诺，组织现场机构，配备有类似工程长期经历和丰富经验的项目负责人、技术负责人、质量管理人员等技术与管理人员，并配备有能力对工程进行有效监督的工长和领班，投入顺利履行合同义务所需的技工和普工。

1. 项目经理资格

施工单位项目经理是施工单位驻工地的全权负责人，必须持有相应水利水电建造师执业资格证书和安全考核合格证书，并具有类似工程的长期经历和丰富经验，必须胜任现场履行合同的职责要求。

2. 技术管理人员和工人资格

必须向工地派遣或雇用技术合格和数量足够的下述人员：

（1）具有相应岗位资格的水利工程施工技术管理人员，如材料员、质检员、资料员、安全员、施工员等职业资格岗位人员。

（2）具有相应理论、技术知识和施工经验的各类专业技术人员及有能力进行现场施工管理和指导施工作业的工长。

（3）具有合格证明的各类专业技工和普工，技术岗位和特殊工种的工人均必须持有通过国家或有关部门统一考试或考核的资格证明，经监理机构审查合格者才准上岗，如爆破工、电工、焊工、登高架子工、起重工等工种均要求持相应职业技能岗位证书上岗。

同时，监理机构对未经批准人员的职务不予确认，对不具备上岗资格的人员完成的技术工作不予承认。监理机构根据施工单位人员在工作中的实际表现，要求施工单位及时撤换不能胜任工作或玩忽职守或监理机构认为出于其他原因不宜留在现场的人员。未经监理机构同意，不得允许这些人员重新从事该工程的工作。

（二）工地试验室和试验计量设备准备

试验检测是对工程项目的材料质量、工艺参数和工程质量进行有效管理的重要途径。施工单位检测试验室必须具备与所承包工程相适应并满足合同文件和技术规范、规程、标准要求的检测手段和资质。工地建立的试验室包括试验设备和用品、试验人员数量和专业水平、核定其试验方法和程序等。在见证取样情况下进行各项材料试验，并为现场监理人进行质量检查和检验提供必要的试验资料与成果。主要建设内容有以下几点：

一是检测试验室的资质文件（包括资格证书、承担业务范围及计量认证文件等的复印件）。

二是检测试验室人员配备情况（姓名、性别、岗位工龄、学历、职务、职称、专业或工种）。

三是检测试验室仪器设备清单（仪器设备名称、规格型号、数量、完好情况及其主要性能），仪器仪表的率定及检验合格证。

四是各类检测、试验记录表和报表的式样。

五是检测试验人员守则及试验室工作规程。

六是其他需要说明的情况或监理部根据合同文件规定要求报送的有关材料。

（三）施工设备

一是进场施工设备的数量和规格、性能以及进场时间是否符合施工合同约定要求。

二是禁止不符合要求的设备投入使用并及时撤换。在施工过程中，对施工设备及时进行补充、维修、维护，满足施工需要。

三是旧施工设备进入工地前，承包人应向监理人员提供该设备的使用和检修记录，以及具有设备鉴定资格的机构出具的检修合格证。经监理机构认可，方可进场。

四是承包人从其他承包人处租赁设备时，则应在租赁协议书中明确规定。若在协议书有效期内发生承包人违约解除合同时，发包人或发包人邀请的其他承包人可以相同条件取得其使用权。

（四）对基准点、基准线和水准点的复核和工程放线

根据项目法人提供的测量基准点、基准线和水准点及其平面资料，以及国家测绘标准和本工程精度要求，测设自己的施工管理网，并将资料报送监理人审批，待工程完工后完好地移交给发包人。承包人应做好施工过程中的全部施工测量工作，包括地形测量、放样测量、断面测量、支付收方测量和验收测量等，并配置合格的人员、仪器、设备和其他物品。在各项目施工测量前，还应将所采取措施的报告报送监理人审批。施工项目机构应负责管理好施工管理网点，若有丢失或损坏，应及时修复，工程完工后应完好地移交给发包人。

（五）原材料、构配件及施工辅助设施的准备

进场的原材料、构配件的质量、规格、性能应符合有关技术标准和技术条款的要求，原材料的储存量应满足工程开工及随后施工的需要。

根据工程需要建设砂石料系统、混凝土拌和系统以及场内道路、供水、供电、供风等施工辅助设施。

（六）熟悉施工图纸，进行技术交底

施工承包人在收到监理人发布的施工图后，在用于正式施工之前应注意以下四个问题：

一是检查该图纸监理人是否已经签字。

二是熟悉施工图建筑物、设备、管线等工程对象的尺寸、布置、选用材料、构造、相互关系、施工及安装质量要求的详细图纸和说明，图纸有无正式的签署，供图是否及时，是否与招标图纸一致（如不一致是否有设计变更），施工图中的各种技术要求是否切实可行，是否存在不便于施工或不能施工的技术要求，各专业图纸的平面图、立面图、剖面图之间是否有矛盾，几何尺寸、平面位置、标高等是否一致，标注是否有遗漏，地基处理的方法是否合理。

三是对施工图仔细地检查和研究，内容如前所述，检查和研究的结果可能有以下三种情况：

第一，图纸正确无误，承包人应立即按施工图的要求组织实施，研究详细的施工组织

和施工技术保证措施，安排机具、设备、材料、劳动力、技术力量进行施工。

第二，发现施工图纸中有不清楚的地方或有可疑的线条、结构、尺寸等，或施工图上有互相矛盾的地方，承包人应向监理人提出“澄清要求”，待这些疑点澄清之后再进行施工。

监理人在收到承包人的“澄清要求”后，应及时与设计单位联系，并对“澄清要求”及时予以答复。

第三，根据施工现场的特殊条件、承包人的技术力量、施工设备和经验，认为对图纸中的某些方面可以在不改变原来设计图纸和技术文件的原则的前提下，进行一些技术修改，使施工方法更为简便、结构性能更为完善、质量更有保证，且并不影响投资和工期，此时，承包人可提出“技术修改”建议。

这种“技术修改”可直接由监理人处理，并将处理结果书面通知设计单位驻现场代表。

四是如果发现施工图与现场的具体条件，如地质、地形条件等有较大差别，难以按原来的施工图纸进行施工，此时，承包人可提出“现场设计变更建议”。

（七）施工组织设计的编制

施工组织设计是水利水电工程设计文件的重要组成部分，是工程建设和施工管理的指导性文件，认真做好施工组织设计，对优化整体设计方案、合理组织工程施工、保证工程质量、缩短建设周期、降低工程造价都有十分重要的作用。

在施工投标阶段，施工单位根据招标文件中规定的施工任务、技术要求、施工工期及施工现场的自然条件，结合本单位的人员、机械设备、技术水平和经验，在投标书中编制施工组织设计。对拟承包工程做出总体部署，如工程准备采用的施工方法、施工工序、机械设计和技术力量的配置、内部的质量保证系统和技术保证措施。施工单位中标并签订合同后，这一施工组织设计也就成了施工合同文件的重要组成部分。在施工单位接到开工通知后，按合同规定时间，进一步提交更为完备、具体的施工组织设计，并征得监理机构的批准。

三、施工过程的质量管理

（一）技术交底

做好技术交底是保证施工质量的重要措施之一。项目开工前应由项目技术负责人向承担施工的负责人或分包人进行书面技术交底，技术交底资料应办理签字手续并归档保存。

每一分部工程开工前均应进行作业技术交底。技术交底书应由施工项目技术人员编制，并经项目技术负责人批准实施。技术交底的内容主要包括任务范围、施工方法、质量标准和验收标准、施工中应注意的问题、可能出现意外的措施及应急方案、文明施工和安全防护措施以及成品保护要求等。技术交底应围绕施工材料、机具、工艺、工法、施工环境和具体的管理措施等方面进行，应明确具体的步骤、方法、要求和完成的时间等。技术交底的形式有书面、口头、会议、挂牌、样板、示范操作等。

（二）工序施工质量管理

施工过程由一系列相互联系与制约的工序构成。工序是人、材料、机械设备、施工方法和环境因素对工程质量综合起作用的过程，所以对施工过程的质量管理，必须以工序质量管理为基础和核心。因此，工序的质量管理是施工阶段质量管理的重点。只有严格管理工序质量，才能确保施工项目的实体质量。工序施工质量管理主要包括工序施工条件质量管理和工序施工效果质量管理。

1. 工序施工条件质量管理

工序施工条件是指从事工序活动的各生产要素质量及生产环境条件。工序施工条件质量管理就是管理工序活动的各种投入要素质量和环境条件质量。管理的手段主要有检查、测试、试验、跟踪监督等。管理的依据主要是设计质量标准、材料质量标准、机械设备技术性能标准、施工工艺标准以及操作规程等。

2. 工序施工效果质量管理

工序施工效果主要反映工序产品的质量特征和特性指标。对工序施工效果的质量管理就是管理工序产品的质量特征和特性指标能否达到设计质量标准以及施工质量验收标准的要求。工序施工效果质量管理属于事后质量管理，其管理的主要途径是实测获取数据、统计分析所获取的数据、判断认定质量等级和纠正质量偏差。

（三）4M1E 的质量管理

人（Man）、材料（Material）、机械（Machine）、方法（Method）、环境（Environment）是影响工程质量的五个因素，事前有效管理这些因素的质量是确保工程施工阶段质量的关键，也是监理人进行质量管理过程中的主要任务之一。

1. 人的质量管理

工程质量取决于工序质量和工作质量，工序质量又取决于工作质量，而工作质量直接取决于参与工程建设各方所有人员的技术水平、文化修养、心理行为、职业道德、质量意识、身体条件等因素。

这里所指的人员包括施工承包人的操作、指挥及组织者。

“人”作为管理的对象，要避免产生失误，要充分调动人的积极性，以发挥“人是第一因素”的主导作用。要本着量才适用、扬长避短的原则来管理人。

2. *原材料与工程设备的质量管理*

工程项目是由各种建筑材料、辅助材料、成品、半成品、构配件以及工程设备等构成的实体，这些材料、构配件本身的质量及其质量管理工作，对工程质量具有十分重要的影响。由此可见，材料质量及工程设备是工程质量的基础，材料质量及工程设备不符合要求，工程质量也就不可能符合标准。

承包人还应按合同规定的技术标准进行材料的抽样检验和工程设备的检验测试，并应将检验成果提交给现场监理人。现场监理人应按合同规定参加交货验收，承包人应为其监督检查提供一切方便。

发包人负责采购的工程设备，应由发包人（或发包人委托监理人）和承包人在合同规定的交货地点共同进行交货验收，由发包人正式移交给承包人。在验收时，承包人应按现场监理人的批示进行工程设备的检验测试，并将检验结果提交给现场监理人。工程设备安装后，若发现工程设备存在缺陷，应由现场监理人和承包人共同查找原因，如属设备制造不良引起的缺陷，应由发包人负责；如属承包人运输和保管不慎或安装不良引起的损坏，应由承包人负责。

如果承包人使用了不合格的材料、工程设备和工艺，并造成工程损害时，监理人可以随时发出指示，要求承包人立即改正，并采取措施补救，直至彻底清除工程的不合格地方以及不合格的材料和工程设备。若承包人无故拖延或拒绝执行监理人的上述指令，则发包人可按承包人违约处理，发包人有权委托其他承包人。其违约责任应由承包人承担。

《进场材料质量检验报告单》《水利水电工程砂料、粗骨料质量评定表》及《建筑材料质量检验合格证》均按一式四份报送监理部完成认证手续后，返回施工单位两份，以作为工程施工基础资料和质量检验的依据。分部工程或单位工程验收时，施工单位按竣工资料要求将该资料归档。

材料质量检验方法分为书面检验、外观检验、理化检验和无损检验四种。

（1）书面检验。指通过对提供材料的质量保证资料、试验报告等进行审核，取得认可方能使用。

（2）外观检验。指从品种、规格、标志、外形尺寸等对材料进行直观检验，看其有无质量问题。

（3）理化检验。指在物理、化学等方法的辅助下的量度。它借助试验设备和仪器对材料样品的化学成分、机械性能等进行科学的鉴定。

（4）无损检验。指在不破坏材料样品的前提下，利用超声波、X 射线、表面探伤仪等进行检测。如超声波雷达（进行土的压实试验）、探地雷达（钢筋混凝土中对钢筋的探测）等。

3. 永久工程设备和施工设备的质量管理

永久工程设备运输是借助运输手段，进行有目标的空间位置的转移，最终到达施工现场。工程设备运输工作的质量直接影响工程设备使用价值的实现，进而影响工程施工的正常进行和工程质量。

永久工程设备容易因运输不当而降低甚至丧失使用价值，造成部件损坏，影响其功能和精度等。因此，应加强工程设备运输的质量管理，与发包人的采购部门一起，根据具体情况和工程进度计划，编制工程设备的运送时间表，制定出参与设备运输的有关人员的责任，使有关人员明确在运输质量保证中应做的事和应负的责任，这也是保证运输质量的前提。

施工设备选择的质量管理，主要包括设备类型的选择和主要性能参数的选择两个方面。

（1）设备类型的选择。应考虑设备的施工适用性、技术先进、操作方便、使用安全，保证施工质量的可靠性和经济上的合理性。例如，疏浚工程应根据地质条件、疏浚深度、面积及工程量等因素，分别选择抓斗式、链斗式、吸扬式、耙吸式等不同类型的挖泥船；对于混凝土工程，在选择振捣器时，应考虑工程结构的特点、振捣器功能、适用条件和保证质量的可靠性等因素，分别选择大型插入式、小型软轴式、平板式或附着式振捣器。

（2）主要性能参数的选择。应根据工程特点、施工条件和已确定的机械设备类型，来选定具体的机械。例如，堆石坝施工所采用的振动碾，其性能参数主要是压实功能和生产能力，根据现场碾压试验选择振动频率。

加强施工设备操作人员的技术培训和考核，正确掌握和操作机械设备，做到定机定人，实行机械设备使用保养的岗位责任制。建立健全机械设备使用管理的各种规章制度，如人机固定制度、操作证制度、岗位责任制度、交接班制度、技术保养制度、安全使用制度、机械设备检查维修制度及机械设备使用档案制度等。

对于施工设备的性能及状况，不仅在其进场时应进行考核，在使用过程中也应进行考核。在使用过程中，由于零件的磨损、变形、损坏或松动，会降低工作效率和设备性能，从而影响施工质量。对施工设备，特别是关键性的施工设备的性能和状况要定期进行考核。例如，对吊装机械等必须定期进行无负荷试验、加荷试验及其他测试，以检查其技术性能、工作性能、安全性能和工作效率。发现问题时，应及时分析原因，采取适当措施，以保证设备性能的完好。

4. 施工方法的质量管理

这里所指的施工方法的质量管理，包含工程项目整个建设周期内所采取的技术方案、工艺流程、组织措施、检测手段、施工组织设计等方面的管理。

施工方案合理与否、施工方法和工艺先进与否，均会对施工质量产生极大的影响，是直接影响工程项目的进度管理、质量管理、投资管理三大目标能否顺利实现的关键。在施工实践中，由于施工方案考虑不周、施工工艺落后而造成施工进度迟缓、质量下降、增加投资等情况时有发生。

5. 环境因素的质量管理

影响工程项目质量的施工环境因素较多，主要有技术环境、施工管理环境及自然环境。技术环境因素包括施工所用的规程、规范、设计图纸及质量评定标准。

施工管理环境因素包括质量保证体系、“三检制”、质量管理制度、质量签证制度、质量奖惩制度等。

自然环境因素包括工程地质、水文、气象等。

上述环境因素对施工质量的影响具有复杂而多变的特点，尤其是某些环境因素更是如此，如气象条件就是千变万化，温度、大风、暴雨、酷暑、严寒等均会影响到施工质量。要根据工程特点和具体条件，采取有效措施，严格管理影响质量的环境因素，确保工程项目质量。

（四）质量管理点的设置

施工承包人在施工前应全面、合理地选择质量管理点。必要时，应对质量管理实施过程进行跟踪检查或旁站监督，以确保质量管理点的实施质量。

设置质量管理点的对象，主要有以下六个方面的内容：

一是关键的分项工程，如大体积混凝土工程、土石坝工程的坝体填筑工程、隧洞开挖工程等。

二是关键的工程部位，如混凝土面板，堆石坝面板、趾板及周边缝的接缝，土基上水闸的地基基础，预制框架结构的梁板节点，关键设备的设备基础等。

三是薄弱环节。指经常发生或容易发生质量问题的环节，或施工承包人施工无把握的环节，或采用新工艺（新材料）施工环节等。

四是关键工序。如钢筋混凝土工程的混凝土振捣，灌注桩的钻孔，隧洞开挖的钻孔布置、方向、深度、用药量和填塞等。

五是关键工序的关键质量特性。如混凝土的强度、土石坝的干密度等。

六是关键质量特性的关键因素。如冬季混凝土强度的关键因素是环境（养护温度），支模的稳定性的关键是支撑方法，泵送混凝土输送质量的关键是机械等。

将质量管理点区分为质量检验见证点和质量检验待检点。所谓见证点，是指承包人在施工过程中达到这一类质量检验点时，应事先书面通知监理人到现场见证、观察和检查承包人的实施过程。然而，在监理人接到通知后未能在约定时间到场的情况下，承包人有权继续施工。例如，在建筑材料生产时，承包人应事先书面通知监理人对采石场的采石、筛分进行见证。当生产过程的质量较为稳定时，监理人可以到场见证，也可以不到场见证。承包人在监理人不到场的情况下可继续生产，然而须做好详细的施工记录，供监理人随时检查。在混凝土生产过程中，监理人不一定对每一次拌和都到场检验混凝土的温度、坍落度、配合比等指标，而可以由承包人自行取样，并做好详细的检验记录，供监理人检查。然而，在混凝土强度等级改变或发现质量不稳定时，监理人可以要求承包人事先书面通知监理人到场检查，否则不得开拌。此时，这种质量检验点就成了待检点。

对于某些更为重要的质量检验点，必须在监理人到场监督、检查的情况下承包人才能进行检验，这种质量检验点称为待检点。例如，在混凝土工程中，由基础面或混凝土施工缝处理，模板、钢筋、止水、伸缩缝和坝体排水管安装及混凝土浇筑等工序构成混凝土单元工程，其中每一道工序都应由监理人进行检查认证，每一道工序检验合格后才能进入下一道工序。根据承包人以往的施工情况，有的可能在模板架立上容易发生漏浆或模板走样事故，有的可能在混凝土浇筑方面经常出现问题。此时，就可以选择模板架立或混凝土浇筑作为待检点，承包人必须事先书面通知监理人，并在监理人到场进行检查监督的情况下，才能进行施工。隐蔽工程覆盖前的验收和混凝土工程开仓前的检验，也可以确定为待检点。

第三节　工程质量统计与分析

利用质量数据和统计分析方法进行项目质量管理是管理工程质量的重要手段。通常通过收集和整理质量数据进行统计分析比较，找出生产过程的质量规律，判断工程产品质量状况，发现存在的质量问题，找出引起质量问题的原因，并及时采取措施，预防和纠正质量事故，使工程质量始终处于受控状态。

一、质量数据的类型及其波动

（一）质量数据的类型

质量数据按其自身特征，可分为计量值数据和计数值数据；按其收集目的又可分为管理性数据和验收性数据。

1. 计量值数据

指可以连续取值的连续型数据。如长度、重量、面积、标高等质量特征，一般都是可以用测量工具或仪器等测量的，一般都带有小数点。

2. 计数值数据

指不连续的离散型数据。如不合格产品数、不合格构件数等，这些反映质量状况的数据是不能用测量器具来度量的，必须采用计数的办法，只能出现 0、1、2 等非负数的整数。

3. 管理性数据

一般以工序作为研究对象，是为分析、预测施工过程是否处于稳定状态而定期随机地抽样检验获得的质量数据。

4. 验收性数据

指以工程的最终实体内容为研究对象，以分析、判断其质量是否达到技术标准或用户的要求，而采取随机抽样检验获取的质量数据。

（二）质量数据的波动

在工程施工过程中经常可看到在相同的设备、原材料、工艺及操作人员条件下，生产的同一种产品的质量不同，反映在质量数据上，即具有波动性，其影响因素有偶然性因素和系统性因素两大类。

由偶然性因素引起的质量数据波动属于正常波动，偶然性因素是无法或难以管理的因素，所造成的质量数据的波动量不大，没有倾向性，作用是随机的，工程质量只有偶然性因素影响时，生产才处于稳定状态。

由系统性因素造成的质量数据波动属于异常波动，系统因素是可管理、易消除的因素，这类因素不经常发生，但具有明显的倾向性。质量管理的目的就是要找出出现异常波动的原因，即系统性因素是什么，并加以排除，使工程质量只受偶然性因素的影响。

（三）质量数据的收集和样本数据特征

质量数据的收集总的要求应当是随机地抽样，即整批数据中每一个数据都有被抽到的相同机会。常用的方法有随机抽样法、系统抽样法、二次抽样法和分层抽样法。

为了进行统计分析和运用特征数据对质量进行管理，经常要使用许多统计特征数据。统计特征数据主要有均值、中位数、极值、极差、标准偏差、变异系数，其中均值、中位数表示数据集中的位置；极差、标准偏差、变异系数表示数据的波动情况，即分散程度。

二、质量管理的统计方法

通过对质量数据的收集、整理和统计分析，找出质量的变化规律和存在的质量问题，提出进一步的改进措施，这种运用数学工具进行质量管理的方法是所有参与质量管理的人员所必须掌握的，它可以使质量管理工作定量化和规范化。下面介绍在质量管理中常用的几种数学工具及方法。

（一）分层法

由于工程质量形成的影响因素多，因此，对工程质量状况的调查和质量问题的分析，必须分门别类地进行，以便准确有效地找出问题及其原因所在，这就是分层法的基本思想。

分层法的实际应用关键是调查分析的类别和层次划分，根据管理需要和统计目的，通常可按照以下分层方法取得原始数据：

一是按施工时间分，如季节、月、日、上午、下午、白天、晚间。

二是按地区部位分，如城市、乡村、上游、下游、左岸、右岸。

三是按产品材料分，如产地、厂商、规格、品种。

四是按检测方法分，如方法、仪器、测定人、取样方式。

五是按作业组织分，如工法、班组、工长、工人、分包商。

六是按工程类型分，如土石坝、混凝土重力坝、水闸、渠道、隧洞。

七是按合同结构分，如总承包、专业分包、劳务分包。

经过第一次分层调查和分析，找出主要问题以后，还可以针对这个问题再次分层进行调查分析，一直到分析结果满足管理需要为止。层次类别划分越明确、越细致，就越能够准确有效地找出问题及其原因所在。

（二）因果分析图法

因果分析图法也称为鱼刺图或质量特性要因分析法，其基本原理是对每一个质量特性或问题，逐层深入排查可能原因，然后确定其中的最主要原因，进行有的放矢的处置和管理。

（三）排列图法

在质量管理过程中，通过抽样检查或检验试验所得到的质量问题、偏差、缺陷、不合格等统计数据，以及造成质量问题的原因分析统计数据，均可采用排列图法进行状况描述，它具有直观、主次分明的特点。

（四）直方图法

直方图法的主要用途如下：一是整理统计数据，了解统计数据的分布特征，即数据分布的集中或离散状况，从中掌握质量能力状态。二是观察分析生产过程质量是否处于正常、稳定、受控状态以及质量水平是否保持在公差允许的范围内。

直方图有以下六种类型：

一是正常型。说明生产过程正常，质量稳定。

二是锯齿形。原因一般是分组不当或组距确定不当。

三是峭壁形。一般是剔除下限以下的数据造成的。

四是孤岛形。一般是材质发生变化或他人临时替班造成的。

五是双峰形。把两种不同的设备或工艺的数据混在一起造成的。

六是缓坡形。生产过程中有缓慢变化的因素起主导作用。

应用直方图法应注意以下事项：

一是直方图是属于静态的，不能反映质量的动态变化。

二是画直方图时，数据不能太少，一般应大于 50 个数据，否则画出的直方图难以准确反映总体的分布状态。

三是直方图出现异常时，应注意将收集的数据分层，然后再画出直方图。

四是直方图呈正态分布时，可求平均值和标准差。

（五）管理图法

管理图（又称控制图），是一种有管理界限的图，用来区分引起质量波动的原因是偶然的还是系统的，可以提供系统原因存在的信息，从而判断生产过程是否处于受控状态。管理图按其用途可分为两类：一类是供分析用的管理图，用管理图分析生产过程中有关质量特性值的变化情况，看工序是否处于稳定受控状态；另一类是供管理用的管理图，主要用于发现施工生产过程是否出现了异常情况，以预防施工产生不合格产品。

（六）相关图法

相关图法又称散布图法，是用直角坐标图来表示两个与质量相关的因素之间的相互关系以进行质量管理的方法。产品质量与影响质量的因素之间，或者两种质量特性之间、两种影响因素之间，常有一定的相互关系。将有关的各对数据，用点子填列在直角坐标图上，就能分析判断它们之间有无相关关系以及相关的程度。

第四节　水利工程施工质量事故处理

水利工程质量事故是指在水利工程建设过程中，由于建设管理、监理、勘测、设计、咨询、施工、材料、设备等造成工程质量不符合规程规范和合同规定的质量标准，影响工程使用寿命和对工程安全运行造成隐患和危害的事件。需要注意的是，水利工程质量事故可以造成经济损失，也可以同时造成人身伤亡。这里主要是指没有造成人身伤亡的质量事故。

一、质量事故的分类

工程质量事故按直接经济损失的大小，检查、处理事故对工期的影响时间长短和对工程正常使用的影响，分为一般质量事故、较大质量事故、重大质量事故、特大质量事故，具体如下：

一是一般质量事故指对工程造成一定经济损失，经处理后不影响正常使用且不影响使用寿命的事故。

二是较大质量事故指对工程造成较大经济损失或延误较短工期，经处理后不影响正常使用，但对工程使用寿命有一定影响的事故。

三是重大质量事故指对工程造成重大经济损失或延误较长工期，经处理后不影响正常使用，但对工程使用寿命有较大影响的事故。

四是特大质量事故指对工程造成特大经济损失或长时间延误工期，经处理仍对正常使用和工程使用寿命有较大影响的事故。

另外，小于一般质量事故的质量问题称为质量缺陷。

二、事故报告内容

事故发生后，事故单位要严格保护现场，采取有效措施抢救人员和财产，防止事故扩大。因抢救人员、疏导交通等须移动现场物件时，应做出标志、绘制现场简图并做出书面记录，妥善保管现场重要痕迹、物证，并进行拍照或录像。

发生质量事故后，项目法人必须及时将事故的简要情况向项目主管部门报告。项目主管部门接到事故报告后，按照管理权限向上级水行政主管部门报告已发生（发现）较大质量事故、重大质量事故、特大质量事故，事故单位要在48h内向有关单位提出书面报告。有关事故报告应包括以下主要内容：

一是工程名称、建设地点、工期、项目法人、主管部门及负责人电话。

二是事故发生的时间、地点、工程部位以及相应的参建单位名称。

三是事故发生的简要经过、伤亡人数和直接经济损失的初步估计。

四是事故发生原因初步分析。

五是事故发生后采取的措施及事故管理情况。

六是事故报告单位、负责人以及联络方式。

三、施工质量事故处理

因质量事故造成人员伤亡的，还应遵从国家和水利部伤亡事故处理的有关规定。其中，质量事故处理的基本要求如下：发生质量事故，必须坚持“事故原因不查清楚不放过、主要事故责任者和职工未受教育不放过、补救和防范措施不落实不放过”的原则（简称“三不放过”原则），认真调查事故原因，研究处理措施，查明事故责任，做好事故处理工作。

（一）质量事故处理职责划分

发生质量事故后，必须针对事故原因研究出工程处理方案，经有关单位审定后实施。具体如下：

一是一般质量事故，由项目法人负责组织有关单位制订处理方案并实施，报上级主管部门备案。

二是较大质量事故，由项目法人负责组织有关单位制订处理方案，经上级主管部门审定后实施，报省级水行政主管部门或流域机构备案。

三是重大质量事故，由项目法人负责组织有关单位提出处理方案，在征得事故调查组意见后，报省级水行政主管部门或流域机构审定后实施。

四是特大质量事故，由项目法人负责组织有关单位提出处理方案，在征得事故调查组意见后，报省级水行政主管部门或流域机构审定后实施，并报水利部备案。

（二）事故处理中设计变更的管理

事故处理需要进行设计变更的，须原设计单位或有资质的单位提出设计变更方案。需要进行重大设计变更的，必须经原设计审批部门审定后实施。

事故部位处理完毕后，必须按照管理权限经过质量评定与验收后，方可投入使用或进入下一阶段施工。

（三）质量缺陷的处理

所谓质量缺陷，是指小于一般质量事故的质量问题，即出于特殊原因，使得工程个别部位或局部达不到规范和设计要求（不影响使用），且未能及时进行处理的工程质量缺陷问题（质量评定仍为合格）。根据水利部《关于贯彻落实〈国务院批转国家计委、财政部、水利部、建设部关于加强公益性水利工程建设管理若干意见的通知〉的实施意见》，水利工程实行水利工程施工质量缺陷备案及检查处理制度。

一是对出于特殊原因，使得工程个别部位或局部达不到规范和设计要求（不影响使用），且未能及时进行处理的工程质量缺陷问题（质量评定仍为合格），必须以工程质量缺陷备案形式进行记录备案。

二是质量缺陷备案的内容包括质量缺陷产生的部位、原因，对质量缺陷是否处理和如何处理以及对建筑物使用的影响等。内容必须真实、全面、完整，参建单位（人员）必须在质量缺陷备案表上签字，有不同意见应明确记载。

三是质量缺陷备案资料必须按竣工验收的标准制备，作为工程竣工验收备查资料存档。质量缺陷备案表由监理单位组织填写。

四是工程项目竣工验收时，项目法人必须向验收委员会汇报并提交历次质量缺陷的备案资料。

第五节　施工质量评定

为加强水利水电工程建设质量管理，保证工程施工质量，统一施工质量检验与评定方法，使施工质量检验与评定工作标准化、规范化，水利部制定了《水利水电工程施工质量检验与评定规程》。

一、水利水电工程项目划分

水利水电工程质量检验与评定应当进行项目划分。项目按级划分为单位工程、分部工程、单元（工序）工程三级。

工程中永久房屋（管理设施用房）、专用公路、专用铁路等工程项目，可按相关行业标准划分和确定项目名称。

（一）项目划分原则

水利水电工程项目划分应结合工程结构特点、施工部署及施工合同要求进行，划分结果应有利于保证施工质量以及施工质量管理。

1. 单位工程项目划分原则

（1）枢纽工程，一般以每座独立的建筑物为一个单位工程。当工程规模大时，可将一个建筑物中具有独立施工条件的一部分划分为一个单位工程。

（2）堤防工程，按招标标段或工程结构划分单位工程。可将规模较大的交叉联结建筑物及管理设施以每座独立的建筑物划分为一个单位工程。

（3）引水（渠道）工程，按招标标段或工程结构划分单位工程。可将大中型（渠道）建筑物以每座独立的建筑物划分为一个单位工程。

（4）除险加固工程，按招标标段或加固内容，并结合工程量划分单位工程。

2. 分部工程项目划分原则

（1）枢纽工程：土建部分按设计的主要组成部分划分；金属结构及启闭机安装工程和机电设备安装工程按组合功能划分。

（2）堤防工程按长度或功能划分。

（3）引水（渠道）工程中的河（渠）道按施工部署或长度划分。大中型建筑物按工程结构主要组成部分划分。

（4）除险加固工程按加固内容或部位划分。

（5）同一单位工程中，各个分部工程的工程量（或投资）不宜相差太大，每个单位工程中的分部工程数目不宜少于五个。

工程量不宜相差太大是指同种类分部工程（如几个混凝土分部工程）的工程量差值不超过50%，投资不宜相差太大是指不同种类分部工程（如混凝土分部工程、砌石分部工程、闸门及启闭机安装分部工程等）的投资差值不宜超过一倍。

3. 单元工程项目划分原则

（1）按《水利建设工程单元工程施工质量验收评定标准》（以下简称《单元工程质量评定标准》）规定进行划分。

（2）河（渠）道开挖、填筑及衬砌单元工程划分界限宜设在变形缝或结构缝处，长

度一般不大于 100m。同一分部工程中各单元工程的工程量（或投资）不宜相差太大。

(3)《单元工程质量评定标准》中未涉及的单元工程可依据工程结构、施工部署或质量考核要求，按层、块、段进行划分。

（二）项目划分组织

由项目法人组织监理、设计及施工等单位进行工程项目划分，并确定主要单位工程、主要分部工程、重要隐蔽单元工程和关键部位单元工程。项目法人在主体工程开工前将项目划分表及说明书面报相应工程质量监督机构确认。

工程质量监督机构收到项目划分书面报告后，应当在 14 个工作日内对项目划分进行确认，并将确认结果书面通知项目法人。

工程实施过程中，在对单位工程、主要分部工程、重要隐蔽单元工程和关键部位单元工程的项目划分进行调整时，项目法人应重新报送工程质量监督机构确认。

二、水利水电工程施工质量检验的要求

（一）施工质量检验的基本要求

一是承担工程检测业务的检测机构应具有水行政主管部门颁发的资质证书。

二是工程施工质量检验中使用的计量器具、试验仪器仪表及设备应定期进行检定，并具备有效的检定证书。国家规定须强制检定的计量器具应经县级以上计量行政部门认定的计量检定机构或其授权设置的计量检定机构进行检定。

三是检测人员应熟悉检测业务，了解被检测对象性质和所用仪器设备性能，经考核合格后，持证上岗。参与中间产品及混凝土（砂浆）试件质量资料复核的人员应具有工程师以上工程系列技术职称，并从事过相关试验工作。

四是工程质量检验项目和数量应符合《单元工程质量评定标准》规定。工程质量检验方法应符合《单元工程质量评定标准》和国家及行业现行技术标准的有关规定。

五是工程项目中如遇《单元工程质量评定标准》中尚未涉及的项目质量评定，其质量标准及评定表格由项目法人组织监理、设计及施工单位按水利部有关规定进行编制和报批。

六是工程中永久性房屋、专用公路、专用铁路等项目的施工质量检验与评定可按相应行业标准执行。

七是项目法人、监理、设计、施工和工程质量监督等单位根据工程建设需要，可委托具有相应资质等级的水利工程质量检测机构进行工程质量检测。施工单位自检性质的委托检测项目及数量，按《单元工程质量评定标准》及施工合同约定执行。对已建工程质量有

重大分歧时，由项目法人委托第三方具有相应资质等级的质量检测机构进行检测，检测数量视需要确定，检测费用由责任方承担。

八是对涉及工程结构安全的试块、试件及有关材料，应实行见证取样。见证取样资料由施工单位制备，记录应真实齐全，参与见证取样人员应在相关文件上签字。

九是工程中出现检验不合格的项目时，按以下规定进行处理：

第一，原材料、中间产品一次抽样检验不合格时，应及时对同一取样批次另取两倍数量进行检验。如仍不合格，则该批次原材料或中间产品应当定为不合格，不得使用。

第二，单元（工序）工程质量不合格时，应按合同要求进行处理或返工重做，并经重新检验且合格后方可进行后续工程施工。

第三，混凝土（砂浆）试件抽样检验不合格时，应委托具有相应资质等级的质量检测机构对相应工程部位进行检验。如仍不合格，由项目法人组织有关单位进行研究，并提出处理意见。

第四，工程完工后的质量抽检不合格，或其他检验不合格的工程，应按有关规定进行处理，合格后才能进行验收或后续工程施工。

（二）施工过程中参建单位的质量检验职责的主要规定

一是施工单位应当依据工程设计要求、施工技术标准和合同约定，结合《单元工程质量评定标准》的规定确定检验项目及数量并进行自检，自检过程应当有书面记录，同时结合自检情况如实填写《水利水电工程施工质量评定表》。

二是监理单位应根据《单元工程质量评定标准》和抽样检测结果复核工程质量。其平行检测和跟踪检测的数量按监理规范或合同约定执行。

三是项目法人应对施工单位自检和监理单位抽检过程进行督促检查，对工程质量监督机构核备、核定的工程质量等级进行认定。

四是工程质量监督机构应对项目法人、监理、勘测、设计、施工单位以及工程其他参建单位的质量行为和工程实物质量进行监督检查。检查结果应当按有关规定及时公布，并书面通知相关单位。

五是临时工程质量检验及评定标准，由项目法人组织监理、设计及施工等单位根据工程特点，参照《单元工程质量评定标准》和其他相关标准确定，并报相应的工程质量监督机构核备。

（三）施工过程中质量检验内容的主要要求

一是质量检验包括施工准备检查，原材料与中间产品质量检验，水工金属结构、启闭

机及机电产品质量检查，单元（工序）工程质量检验，质量事故检查和质量缺陷备案，工程外观质量检验，等等。

二是主体工程开工前，施工单位应组织人员对施工准备进行检查，并经项目法人或监理单位确认合格且履行相关手续后，才能进行主体工程施工。

三是施工单位应按《单元工程质量评定标准》及有关技术标准对水泥、钢材等原材料与中间产品质量进行检验，并报监理单位复核。不合格产品不得使用。

四是水工金属结构、启闭机及机电产品进场后，有关单位应按有关合同进行交货检查和验收。安装前，施工单位应检查产品是否有出厂合格证、设备安装说明书及有关技术文件，对在运输和存放过程中发生的变形、受潮、损坏等问题应做好记录，并进行妥善处理。无出厂合格证或不符合质量标准的产品不得用于工程中。

五是施工单位应按《单元工程质量评定标准》检验工序及单元工程质量，做好书面记录，在自检合格后，填写《水利水电工程施工质量评定表》报监理单位复核，监理单位根据抽检资料核定单元（工序）工程质量等级，发现不合格单元（工序）工程，应要求施工单位及时进行处理，合格后才能进行后续单元工程施工，对施工中的质量缺陷应书面记录备案，进行必要的统计分析，并在相应单元（工序）工程质量评定表“评定意见”栏内注明。

六是施工单位应及时将原材料、中间产品及单元（工序）工程质量检验结果报监理单位复核，并应按月将施工质量情况报送监理单位，由监理单位汇总分析后报项目法人和工程质量监督机构。

三、水利水电工程施工质量评定标准

水利水电工程施工质量等级分为“合格”“优良”两级。合格标准是工程验收标准，是对施工管理质量的最基本要求，优良等级是为工程项目质量创优而设置的。为了鼓励包括施工单位在内的项目参建单位创造更好的施工质量和工程质量，全国和地方（部门）的建设主管部门或行业协会设立了各种优质工程奖，如中国水利工程优质（大禹）奖（简称大禹工程奖）是水利工程行业优质工程的最高奖项，评选标准是以工程质量为主，兼顾工程建设管理、工程效益和社会影响等因素，由中国水利工程协会（简称中水协）组织评选。

（一）水利水电工程施工质量等级评定的主要依据

一是国家及相关行业技术标准。

二是《单元工程质量评定标准》。

三是经批准的设计文件、施工图纸、金属结构设计图样与技术条件、设计修改通知书、厂家提供的设备安装说明书及有关技术文件。

四是工程承发包合同中约定的技术标准。

五是工程施工期及试运行期的试验和观测分析成果。

（二）单元（工序）质量评定的主要要求

一是单元工程按工序划分情况，分为划分工序单元工程和不划分工序单元工程。

划分工序单元工程应先进行工序施工质量验收评定。在工序验收评定合格和施工项目实体质量检验合格的基础上，进行单元工程施工质量验收评定。

不划分工序单元工程的施工质量验收评定，在单元工程中所包含的检验项目检验合格和施工项目实体质量检验合格的基础上进行。

二是工序和单元工程施工质量等各类项目的检验，应采用随机布点和监理工程师现场指定区位相结合的方式进行。检验方法及数量应符合相关标准的规定。

三是工序和单元工程施工质量验收评定表及其备查资料的制备由工程施工单位负责，其规格宜采用国际标准 A4 纸（210mm×297mm），验收评定表一式四份，备查资料一式二份，其中验收评定表及其备查资料一份应由监理单位保存，其余应由施工单位保存。

（三）工序施工质量验收评定的主要要求

1. 单元工程中的工序分类

单元工程中的工序分为主要工序和一般工序。

2. 工序施工质量验收评定的条件

工序施工质量验收评定应具备以下条件：

（1）工序中所有施工项目（或施工内容）已完成，现场具备验收条件。

（2）工序中所包含的施工质量检验项目经施工单位自检全部合格。

3. 工序施工质量验收评定的程序

工序施工质量验收评定应按以下程序进行：

（1）施工单位应首先对已经完成的工序施工质量按标准进行自检，并做好检验记录。

（2）施工单位自检合格后，应填写工序施工质量验收评定表，质量责任人履行相应签认手续后，向监理单位申请复核。

（3）监理单位收到申请后，应在 4h 内进行复核。复核内容包括以下三点：

①核查施工单位报验资料是否真实、齐全；

②结合平行检测和跟踪检测结果等，复核工序施工质量检验项目是否符合标准的要求；

③在施工单位提交的工序施工质量验收评定表中填写复核记录，并签署工序施工质量评定意见，核定工序施工质量等级，相关责任人履行相应签认手续。

4. 工序施工质量验收评定的资料

工序施工质量验收评定应包括下列资料：

（1）施工单位报验时，应提交下列资料：

①各班、组的初检记录，施工队复检记录，施工单位专职质检员终检记录；

②工序中各施工质量检验项目的检验资料；

③施工单位自检完成后，填写的工序施工质量验收评定表。

（2）监理单位应提交下列资料：

①监理单位对工序中施工质量检验项目的平行检测资料（包括跟踪检测）；

②监理工程师签署质量复核意见的工序施工质量验收评定表。

5. 评定标准

工序施工质量验收评定分为合格和优良两个等级，其标准分别如下：

（1）合格等级标准：

①主控项目，检验结果应全部符合标准的要求；

②一般项目，逐项应有70%及以上的检验点合格，且不合格点不应集中；

③各项报验资料应符合标准要求。

（2）优良等级标准：

①主控项目，检验结果应全部符合标准的要求；

②一般项目，逐项应有90%及以上的检验点合格，且不合格点不应集中；

③各项报验资料应符合标准要求。

（四）单元工程施工质量验收评定主要要求

1. 单元工程施工质量验收评定的条件

单元工程施工质量验收评定应具备以下条件：

（1）单元工程所含工序（或所有施工项目）已完成，施工现场具备验收的条件。

（2）已完工序施工质量经验收评定全部合格，有关质量缺陷已处理完毕或有监理单位批准的处理意见。

2. 单元工程施工质量验收评定的程序

单元工程施工质量验收评定应按以下程序进行：

（1）施工单位应首先对已经完成的单元工程施工质量进行自检，并填写检验记录。

（2）施工单位自检合格后，应填写单元工程施工质量验收评定表，向监理单位申请复核。

（3）监理单位收到申请后，应在8h内进行复核。复核内容包括以下四点：

①核查施工单位报验资料是否真实、齐全；

②对照施工图纸及施工技术要求，结合平行检测和跟踪检测结果等，复核单元工程质量是否达到标准要求；

③检查已完单元工程遗留问题的处理情况，在施工单位提交的单元工程施工质量验收评定表中填写复核记录，并签署单元工程施工质量评定意见，评定单元工程施工质量等级，相关责任人履行相应签认手续；

④对验收中发现的问题提出处理意见。

3. 单元工程施工质量验收评定的资料

单元工程施工质量验收评定应包括下列资料：

（1）施工单位申请验收评定时，应提交下列资料：

①单元工程中所含工序（或检验项目）验收评定的检验资料；

②各项实体检验项目的检验记录资料；

③施工单位自检完成后，填写的单元工程施工质量验收评定表。

（2）监理单位应提交下列资料：

①监理单位对单元工程施工质量的平行检测资料；

②监理工程师签署质量复核意见的单元工程施工质量验收评定表。

4. 划分工序单元工程施工质量评定标准

划分工序单元工程施工质量评定分为合格和优良两个等级，其标准分别如下：

（1）合格等级标准：

①各工序施工质量验收评定应全部合格；

②各项报验资料应符合标准要求。

（2）优良等级标准：

①各工序施工质量验收评定应全部合格，其中优良工序应达到50%及以上，且主要工序应达到优良等级；

②各项报验资料应符合标准要求。

5. 不划分工序单元工程施工质量评定标准

不划分工序单元工程施工质量评定分为合格和优良两个等级，其标准分别如下：

（1）合格等级标准：

①主控项目，检验结果应全部符合标准的要求；

②一般项目，逐项应有70%及以上的检验点合格，且不合格点不应集中；

③各项报验资料应符合标准要求。

（2）优良等级标准：

①主控项目，检验结果应全部符合标准的要求；

②一般项目，逐项应有90%及以上的检验点合格，且不合格点不应集中；

③各项报验资料应符合标准要求。

6. 单元（工序）工程施工质量合格标准

（1）单元（工序）工程施工质量评定标准按照《单元工程质量评定标准》或合同约定的合格标准执行。

（2）单元（工序）工程质量达不到合格标准时，应及时处理，处理后的质量等级按下列规定重新确定：

①全部返工重做的，可重新评定质量等级，经检验达到优良标准时，可评为优良等级。

②经加固补强并经设计和监理单位鉴定能达到设计要求时，其质量评为合格。

③处理后的工程部分质量指标仍达不到设计要求时，经设计复核，项目法人及监理单位确认能满足安全和使用功能要求的，可不再进行处理；经加固补强后，改变了外形尺寸或造成工程永久性缺陷的，经项目法人、监理及设计单位确认能基本满足设计要求的，其质量可评为合格，但应按规定进行质量缺陷备案。

7. 单元（工序）工程质量评定组织

（1）单元（工序）工程质量在施工单位自评合格后，报监理单位复核，由监理工程师核定质量等级并签证认可。

（2）重要隐蔽单元工程及关键部位单元工程质量经施工单位自评合格、监理单位抽检后，由项目法人（或委托监理）、监理、设计、施工、工程运行管理（施工阶段已经有时）等单位组成联合小组，共同检查核定其质量等级并填写签证表，报工程质量监督机构核备。

四、分部工程、单位工程、工程项目评定标准

（一）分部工程施工质量标准

1. 分部工程施工质量合格标准

（1）所含单元工程的质量全部合格。质量事故及质量缺陷已按要求处理，并经检验合格。

（2）原材料、中间产品及混凝土（砂浆）试件质量全部合格，金属结构及启闭机制造质量合格，机电产品质量合格。

2. 分部工程施工质量优良标准

（1）所含单元工程质量全部合格，其中70%以上达到优良等级，主要单元工程以及重要隐蔽单元工程（关键部位单元工程）质量优良率达90%以上，且未发生过质量事故。

（2）中间产品质量全部合格，混凝土（砂浆）试件质量达到优良等级（当试件组数小于30时，试件质量合格）。原材料质量、金属结构及启闭机制造质量合格，机电产品质量合格。

（二）单位工程施工质量标准

1. 单位工程施工质量合格标准

（1）所含分部工程质量全部合格。

（2）质量事故已按要求进行处理。

（3）工程外观质量得分率达到70%以上。

（4）单位工程施工质量检验与评定资料基本齐全。

（5）工程施工期及试运行期，单位工程观测资料分析结果符合国家和行业技术标准以及合同约定的标准要求。

2. 单位工程施工质量优良标准

（1）所含分部工程质量全部合格，其中70%以上达到优良等级，主要分部工程质量全部优良，且施工中未发生过较大质量事故。

（2）质量事故已按要求进行处理。

（3）工程外观质量得分率达到85%以上。

（4）单位工程施工质量检验与评定资料齐全。

（5）工程施工期及试运行期，单位工程观测资料分析结果符合国家和行业技术标准以

及合同约定的标准要求。

3. **单位工程外观质量评定**

单位工程完工后，项目法人组织监理、设计、施工及工程运行管理等单位组成工程外观质量评定组，进行工程外观质量检验评定并将评定结论报工程质量监督机构核定。参加工程外观质量评定的人员应具有工程师以上技术职称或相应执业资格。评定组人数应不少于 5 人，大型工程宜不少于 7 人。

单位工程外观评定组负责工程外观评定、检查、检测，项目经评定组全面检查后，抽测 25%，且各项不少于 10 个点。各项目工程外观质量评定等级分四级：一级检测项目测点合格率为 100%，二级为 90%~99.9%，三级为 70%~89.9%，四级小于 70%。外观评定表由评定组根据现场检查情况填写，其结论报质量监督机构核定。

（三）工程项目施工质量标准

1. **工程项目施工质量合格标准**

（1）单位工程质量全部合格。

（2）工程施工期及试运行期，各单位工程观测资料分析结果均符合国家和行业技术标准以及合同约定的标准要求。

2. **工程项目施工质量优良标准**

（1）单位工程质量全部合格，其中 70%以上单位工程质量达到优良等级，且主要单位工程质量全部优良。

（2）工程施工期及试运行期，各单位工程观测资料分析结果均符合国家和行业技术标准以及合同约定的标准要求。

3. **工程项目施工质量评定组织**

工程项目质量，在单位工程质量评定合格后，由监理单位进行统计并评定工程项目质量等级，经项目法人认定后，报质量监督机构核定。

第七章 水利水电工程建设安全管理

第一节 施工不安全因素分析

在工程建设活动中，没有发生危害，不出事故，不造成人身伤亡、财产损失，这就是安全，因此，施工安全不但包括施工人员和施工管（监）理人员的人身安全，也包括财产（机械设备、物资、工程实体等）的安全。

保证安全是项目施工中的一项重要工作。施工现场一般场地狭小，施工人员众多，各工种交叉作业，机械施工与手工操作并进，高空作业多，而且大部分是露天、野外作业。特别是水利水电工程又多在河道上兴建，环境复杂，不安全因素多，所以安全事故也较多。因此，监理机构必须充分重视安全控制，督促和指导施工承包人从技术上、组织上采取一系列必要的措施，防患未然，保证项目施工的顺利进行。水利工程建设安全生产管理，坚持“安全第一，预防为主”的方针。

监理机构在施工安全控制中的主要任务有：充分认识施工中的不安全因素；建立安全监控的组织体系；审查施工承包人的安全施工方案；督促落实安全措施。

施工中的不安全因素很多，而且随工种不同、工程不同而变化，但概括起来，这些不安全因素主要来自人、物和环境三个方面。因此，一般来说，施工安全控制就是对人、物和环境等因素进行控制。

一、人的不安全因素

人既是管理的对象，又是管理的动力，人的行为是安全生产的关键。人与人之间是有区别的，即使是同一个人，在不同的时期、地点，他的劳动状态、注意力、情绪、效率也会有所变化，这就决定了管理好人的行为是一项难度很大的工作。

人的不安全因素是人的生理和心理特点造成的，主要表现在身体缺陷、错误行为和违纪违章三个方面。

一是身体缺陷。它指疾病、精神失常、智商过低、紧张、烦躁、疲劳、易冲动、易兴

奋、对自然条件或环境过敏、应变能力差等。

二是错误行为。它指嗜酒、吸毒、吸烟、打赌、玩要、嬉笑、追逐、错看、错听、错嗅、误触、误判、意外滑倒、误入危险区域等。

三是违纪违章。它指粗心大意、漫不经心、不履行安全措施、不按规定使用防护用品、有意违章、玩忽职守、图省事等。

人的行为对施工安全影响极大，有统计资料表明，88%的安全事故是由于人的不安全行为造成的，而人的生理和心理特点，直接影响着人的行为。所以人的生理和心理状况与安全事故的发生有着密切的联系。其主要表现在以下方面：

一是生理疲劳对安全的影响。人的生理疲劳，表现出动作紊乱而不稳定，不能支配正常状况下所能承受的体力等，易产生手脚发软，重物失手，致使人或物从高处坠落等安全事故发生。

二是心理疲劳对安全的影响。人的心理疲劳是指人由于动机和态度变化而引起工作能力的波动，或由于从事单调、重复劳动时的厌倦，或由于遭受挫折而身心乏力等导致注意力不集中，这些表现均会导致操作失误。

三是视觉、听觉对安全的影响。人的视觉受外界亮度、色彩、对比度、距离、移动速度等因素影响时，常会产生错看、漏看，从而导致安全事故。人的听觉也常受外界声音的干扰，使听力减弱，不能接收正常的信号，从而导致工作失误，发生安全事故。

四是人的性格对安全的影响。人的气质、性格不同，产生的行为也不同。意志坚定、善于控制自己、行动准确者，安全度高；情绪喜怒无常者，易动摇，对外界信息反应变化多端，常易引起不安全行为；优柔寡断、行动迟钝、反应能力差者，也易产生安全事故。

五是人际关系对安全的影响。群体的人际关系直接影响着个体的行为，当劳动者彼此尊重，相互信任和友爱，遵守劳动纪律和安全法规，安全就有保障；若劳动集体中互不信任，各自为政，无视纪律，不遵守法规，安全就没有保障。上下级关系紧张，劳动者心情压抑、心存疑虑和畏惧、注意力不集中，也极易发生事故。

二、物的不安全因素

物的不安全状态，主要表现在以下三个方面：

一是设备、装置的缺陷。其主要是指设备、装置的技术性能降低、强度不够、结构不良、磨损、老化、失灵、腐蚀、物理和化学性能达不到要求等。

二是作业场所的缺陷。其主要是指施工作业场地狭小，交通道路不宽畅，机械设备拥挤，多工种交叉作业组织不善，多单位同时施工等。

三是物资和环境的危险源。主要包括化学方面，氧化、易燃、毒性、腐蚀等；机械方面，振动、冲击、位移、倾覆、陷落、抛飞、断裂、剪切等；电气方面，漏电、短路、电弧、高压带电作业等；自然环境方面，辐射、强光、雷电、风暴、浓雾、高低温、洪水、高压气体、火源等。

上述不安全因素中，人的不安全因素是关键因素，物的不安全因素是通过人的生理和心理状态而起作用的。因此，监理机构在安全控制中，必须将两类不安全因素结合起来综合考虑，才能达到确保安全的目的。

三、施工中常见的不安全因素

（一）高处施工的不安全因素

高空作业四边临空，条件差，危险因素多，因此，无论是水利水电工程还是其他建筑工程，高空坠落事故特别多，其主要不安全因素有以下几点：

一是安全网或护栏等设置不符合要求。高处作业点的下方必须设置安全网、护栏、立网，盖好洞口等，从根本上避免人员坠落；万一有人坠落时，也能免除或减轻伤害。

二是脚手架和梯子结构不牢固。

三是施工人员安全意识差，如高空作业人员不系安全带、高空作业的操作要领没有掌握等。

四是施工人员身体素质差，如患有心脏病、高血压等。

（二）使用起重设备的不安全因素

起重设备，如塔式、门式起重机等，其工作特点是塔身较高，行走、起吊、回转等作业可同时进行。这类起重机较突出的大事故发生在“倒塔”“折臂”和拆装时。容易发生这类事故的主要原因有以下几点：

一是司机操作不熟练，引起误操作。

二是超负荷运行，造成吊塔倾倒。

三是斜吊时，吊物一离开地面就绕其垂直方向摆动，极易伤人，同时也会引起倒塔。

四是轨道铺设不合规定，尤其是地锚埋设不合要求。

五是安全装置失灵，如起重量限制器、吊钩高度限制器、幅度指示器、夹轨等的失灵。

（三）施工用电的不安全因素

电气事故的预兆性不直观、不明显，而事故的危害性很大。使用电气设备引起触电事故的主要原因有以下几点：

一是违章在高压线下施工，而未采取其他安全措施，以至于钢管脚手架、钢筋等碰上高压线而触电。

二是供电线路铺设不符合安装规程。如架设得太低，导线绝缘损坏，采用不合格的导线或绝缘子等。

三是维护检修违章。移动或修理电气设备时不预先切断电源，用湿手接触开关、插头，使用不合格的电气安全用具等。

四是用电设备损坏或不合格，使带电部分外露。

（四）爆破施工中的不安全因素

无论是露天爆破、地下爆破，还是水下爆破，都发生过许多安全事故，其主要原因可归结为以下 11 个方面：

一是炮位选择不当，最小抵抗线掌握不准，装药量过多，放炮时飞石超过警戒线，造成人身伤亡或损坏建筑物和设备。

二是违章处理瞎炮，拉动起爆体触响雷管，引起爆炸伤人。

三是起爆材料质量不符合标准，发生早爆或迟爆。

四是人员、设备在起爆前未按规定撤离或爆破后人员过早进入危险区造成事故。

五是爆破时，点炮个数过多或导火索太短，点炮人员来不及撤到安全地点而发生爆炸。

六是电力起爆时，附近有杂散电流或雷电干扰发生早爆。

七是用非爆破专业测试仪表测量电爆网络或起爆体，因其输出电流强度大于规定的安全值而发生爆炸事故。

八是大量爆破时，对地震波、空气冲击和飞石的安全距离估计不足，附近建筑物和设备未采取相应的保护措施而造成损失。

九是爆炸材料不按规定存放或警戒，管理不严，造成爆炸事故。

十是炸药仓库位置选择不当，由意外因素引起爆炸事故。

十一是变质的爆破材料未及时处理，或违章处理造成爆炸事故。

（五）土方工程施工中的不安全因素

土方工程施工中最易发生的安全事故是塌方造成的伤亡事故。施工中引起塌方的原因主要有以下两点：

一是边坡修得太陡或在坡顶堆放泥土，大型机械离沟坑边太近。这些均会增大土体的滑动力。

二是排水系统设计不合理或失效，这使得土体抗滑力减小，滑动力增大，易引起塌方。

第二节　施工安全概述

一、水利工程施工安全的特点

施工现场以露天作业为主，涉及大量的土石方施工，受到不同气候影响大；水利工程一般修建在江河湖泊上，须经受暴雨、洪水考验；同时，水利工程一般是多专业、多工种立体交叉作业，临时设施多，作业面变化大，且人员集中，作业环境复杂，人、机流动性大，不安全因素多，属于事故多发的作业现场。

二、施工安全管理的重要性

一是施工现场是企业安全管理体系的基础，公司级安全管理主要是属于规划、决策、指导、检查。施工现场安全管理是组织实施，并保证生产处于最佳安全状态的最重要的一环。

二是在施工中由于多单位、多工种集中在一个场地，而且人员、作业位置变动较大，因此，对施工现场的人、机环境系统的可靠性必须进行经常性的检查、分析、判断，并及时处理问题，防患未然，为此，必须强化施工现场的安全动态管理。

三是随着水利工程快速发展及市场的开放，民工队伍发展很快，有些队伍由于没有很好地经过安全培训，职工队伍安全素质低，自我保护能力差，施工现场安全管理混乱，易导致重大伤亡事故频频发生。

三、施工现场安全管理分类

施工现场安全管理主要分为以下四大类：

一是安全组织管理（包括机构、制度、安全文件）。

二是场地设施管理（文明施工）。

三是行为安全管理。

四是安全技术管理。

四、建设各方安全责任

（一）项目法人的安全责任

一是项目法人在对施工投标单位进行资格审查时，应当对投标单位的主要负责人、项目负责人以及专职安全生产管理人员是否经水行政主管部门安全生产考核合格进行审查。有关人员未经考核合格的，不得认定投标单位的投标资格。

二是项目法人应当向施工单位提供施工现场及施工可能影响的毗邻区域内供水、排水、供电、供气、供热、通信、广播电视等诸多地下管线资料，气象和水文观测资料，拟建工程可能影响的相邻建筑物和构筑物、地下工程的有关资料，并保证有关资料的真实、准确、完整，满足有关技术规范的要求。对可能影响施工报价的资料，应当在招标时提供。

三是项目法人不得调减或挪用批准概算中所确定的水利工程建设有关安全作业环境及安全施工措施等所需费用。工程承包合同中应当明确安全作业环境及安全施工措施所需费用。

四是项目法人应当组织编制保证安全生产的措施方案，并自开工报告批准之日起 15d 内报有管辖权的水行政主管部门、流域管理机构或者其委托的水利工程建设安全生产监督机构（以下简称“安全生产监督机构”）备案。建设过程中安全生产的情况发生变化时，应当及时对保证安全生产的措施方案进行调整，并报原备案机关。

保证安全生产的措施方案根据有关法律法规、强制性标准和技术规范的要求并结合工程的具体情况编制，应包括以下内容：

第一，项目概况。

第二，编制依据。

第三，安全生产管理机构及相关负责人。

第四，安全生产的有关规章制度制定情况。

第五，安全生产管理人员及特种作业人员持证上岗情况等。

第六，生产安全事故的应急救援预案。

第七，工程度汛方案、措施。

第八，其他有关事项。

五是项目法人在水利工程开工前，应当就落实保证安全生产的措施进行全面系统的布置，明确施工单位的安全生产责任。

六是项目法人应当将水利工程中的拆除工程和爆破工程发包给具有相应水利水电工程施工资质等级的施工单位。

项目法人应当在拆除工程或者爆破工程施工 15d 前，将下列资料报送水行政主管部门、流域管理机构或者其委托的安全生产监督机构备案：

第一，施工单位资质等级证明。

第二，拟拆除或拟爆破的工程及可能危及毗邻建筑物的说明。

第三，施工组织方案。

第四，堆放、清除废弃物的措施。

第五，生产安全事故的应急救援预案。

（二）勘察（测）、设计、建设监理及其他有关单位的安全责任

一是勘察（测）单位应当按照法律、法规和工程建设强制性标准进行勘察（测），提供的勘察（测）文件必须真实、准确，满足水利工程建设安全生产的需要。

勘察（测）单位在勘察（测）作业时，应当严格执行操作规程，采取措施保证各类管线、设施和周边建筑物、构筑物的安全。

勘察（测）单位和有关勘察（测）人员应当对其勘察（测）成果负责。

二是设计单位应当按照法律、法规和工程建设强制性标准进行设计，并考虑项目周边环境对施工安全的影响，防止因设计不合理导致生产安全事故的发生。

设计单位应当考虑施工安全操作和防护的需要，对涉及施工安全的重点部位和环节在设计文件中注明，并对防范生产安全事故提出指导性意见。

采用新结构、新材料、新工艺以及特殊结构的水利工程，设计单位应当在设计中提出保障施工作业人员安全和预防生产安全事故的措施建议。

设计单位和有关设计人员应当对其设计成果负责。

设计单位应当参与与设计有关的生产安全事故分析及调查，并承担相应的责任。

三是建设监理单位和监理人员应当按照法律、法规和工程建设强制性标准实施监理，并对水利工程建设安全生产承担监理责任。

建设监理单位应当审查施工组织设计中的安全技术措施或者专项施工方案是否符合工程建设强制性标准。

建设监理单位在实施监理过程中，发现存在生产安全事故隐患的，应当要求施工单位整改；对情况严重的，应当要求施工单位暂时停止施工，并及时向水行政主管部门、流域管理机构或者其委托的安全生产监督机构及项目法人报告。

四是为水利工程提供机械设备和配件的单位，应当按照安全施工的要求提供机械设备和配件，配备齐全有效的保险、限位等安全设施和装置，提供有关安全操作的说明，保证其提供的机械设备和配件等产品的质量和安全性能达到国家有关技术标准。

（三）施工单位的安全责任

一是施工单位从事水利工程的新建、扩建、改建、加固和拆除等活动，应当具备国家规定的注册资本、专业技术人员、技术装备和安全生产等条件，依法取得相应等级的资质证书，并在其资质等级许可的范围内承揽工程。

二是施工单位在依法取得安全生产许可证后，方可从事水利工程施工活动。

三是施工单位主要负责人依法对本单位的安全生产工作全面负责。施工单位应当建立健全安全生产责任制度和安全生产教育培训制度，制定安全生产规章制度和操作规程，保证本单位建立和完善安全生产条件所需资金的投入，对所承担的水利工程进行定期和专项安全检查，并做好安全检查记录。

施工单位的项目负责人应当由取得相应执业资格的人员担任，并对水利工程建设项目的安全施工负责，落实安全生产责任制度、安全生产规章制度和操作规程，确保安全生产费用的有效使用，并根据工程的特点组织制定安全施工措施，消除安全事故隐患，及时、如实报告生产安全事故。

四是施工单位在工程报价中应当包含工程施工的安全作业环境及安全施工措施所需费用。对列入建设工程概算的上述费用，应当用于施工安全防护用具及设施的采购和更新、安全施工措施的落实、安全生产条件的改善，不得挪作他用。

五是施工单位应当设立安全生产管理机构，按照国家有关规定配备专职安全生产管理人员。施工现场必须有专职安全生产管理人员。

专职安全生产管理人员负责对安全生产进行现场监督检查。发现生产安全事故隐患，应当及时向项目负责人和安全生产管理机构报告；对违章指挥、违章操作的，应当立即制止。

六是施工单位在建设有度汛要求的水利工程时，应当根据项目法人编制的工程度汛方案、措施制订相应的度汛方案，报项目法人批准；涉及防汛调度或者影响其他工程、设施度汛安全的，由项目法人报有管辖权的防汛指挥机构批准。

七是垂直运输机械作业人员、安装拆卸工、爆破作业人员、起重信号工、登高架设作业人员等特种作业人员，必须按照国家有关规定经过专门的安全作业培训，并取得特种作业操作资格证书后，方可上岗作业。

八是施工单位应当在施工组织设计中编制安全技术措施和施工现场临时用电方案，对下列达到一定规模的危险性较大的分部分项工程应当编制专项施工方案，并附具安全验算结果，经施工单位技术负责人签字以及总监理工程师核签后实施，由专职安全生产管理人员对下列内容进行现场监督：

第一，基坑支护与降水工程。

第二，土方和石方开挖工程。

第三，模板工程。

第四，起重吊装工程。

第五，脚手架工程。

第六，拆除、爆破工程。

第七，围堰工程。

第八，其他危险性较大的工程。

对上述所列工程中涉及高边坡、深基坑、地下暗挖工程、高大模板工程的专项施工方案，施工单位还应当组织专家进行论证、审查。

九是施工单位在使用施工起重机械和整体提升脚手架、模板等自升式架设设施前，应当组织有关单位进行验收，也可以委托具有相应资质的检验检测机构进行验收；使用承租的机械设备和施工机具及配件的，由施工总承包单位、分包单位、出租单位和安装单位共同进行验收。验收合格的方可使用。

十是施工单位的主要负责人、项目负责人、专职安全生产管理人员应当经水行政主管部门安全生产考核合格后方可任职。

施工单位应当对管理人员和作业人员每年至少进行一次安全生产教育培训，其教育培训情况记入个人工作档案。安全生产教育培训考核不合格的人员，不得上岗。

施工单位在采用新技术、新工艺、新设备、新材料时，应当对作业人员进行相应的安全生产教育培训。

第三节　施工安全基本要求

一、施工安全管理基本要求

一是水利水电建设工程施工安全管理，应实行建设单位统一领导、监理单位现场监督、施工承包单位为责任主体的各负其责的管理体制。

二是各单位应贯彻“安全第一、预防为主”的方针，加强安全生产管理和制度建设，不断完善安全生产条件。单位行政第一负责人为安全生产的第一责任人，对本单位的安全生产全面负责。

三是各单位应按国家规定建立安全生产管理机构，配备符合规定的安全监督管理人

员，建立安全生产保障体系和安全监督管理体系。

四是项目负责人和安全生产管理人员应经过相关主管部门考核合格方可任职；新进场从业人员应进行三级安全教育；特种作业人员应进行安全培训，并经国家主管部门考核合格取得资格证书后方可上岗。

五是建设单位应根据建设工程安全作业环境，提出安全施工要求，明确安全施工措施所需的费用并列入工程概预算，应组织进行工程施工危险源辨识和环境因素辨识、评估，提出控制措施和事故应急预案。

六是设计单位在设计文件中应明确涉及施工安全的重点部位和环节，并提出保障施工安全和预防事故的措施。

七是监理单位应监督施工单位履行安全文明生产职责。

八是施工单位应持有安全生产许可证，按承包合同规定和设计要求，结合施工实际，编制相应的安全生产措施，对重大危险施工项目，应编制专项安全技术方案，报建设单位（监理）审批后实施。

九是有关单位应为从事高危作业的施工人员办理意外伤害保险。

十是发生施工安全事故后，应按规定程序进行报告，并按照事故调查处理权限，遵循“三不放过”原则组织开展事故调查并处理。

二、施工现场基本要求

（一）平面布置

一是开工前，在施工组织设计（或施工方案）中，必须有详细的施工平面布置图。运输道路、临时用电线路、各种管道、仓库、生产辅助设施等的布置，主要机械设备停放场地及工地办公、生活设施等临时工程的安排，均要符合安全要求。

二是工地四周一般应有与外界隔离的围护设施，入口处一般应有（特殊工种工地除外）工程名称牌、施工单位名称牌，并设置施工现场平面布置图、工程概况表（或称“施工公告”）、安全纪律（或“施工现场安全管理规定”）。使进入该工地的人，能对该工程的概况有一个基本了解并注意安全的忠告。

三是工地排水设施应全面规划，排水沟的截面及坡度应进行计算，其设置不得妨碍交通和影响工地周围环境，排水沟还应经常清理疏浚，保持畅通。

（二）道路运输

一是工地人行道、车行道应坚实平坦，保持畅通，主要道路应与主要临时建筑物道路连通，场内运输道路应尽量减少弯道和交叉点，车辆频繁来往的交叉处，必须设有明显的警告标志，必要时设临时交通指挥。

二是工地通道不得任意挖掘或截断。如因工程需要，必须开挖时，有关部门应事先协调，统一规划，同时将通过道路的沟渠搭设安全牢固的桥板。

（三）材料堆放

一是一切工程施工器材（包括材料、预制构件、施工设施构件等）都应该按施工平面布置图规定的地点分类堆放整齐、稳固。各类材料的堆放，不得超过规定高度。严禁靠近场地围护栅栏及其他建筑物墙壁堆置，且其间距应符合相关规定，两头空间应予封闭，防止有人入内，发生意外伤亡事故。

二是作业中使用的剩余器材及现场拆下来的模板、脚手架杆件和涂料、废料等都应随时清理，堆放整齐。

三是油漆及其稀释剂和其他对职工健康有害的物质，应该存放在通风良好、严禁烟火的专用仓库。沥青应放置在干燥、通气的场所。

（四）施工现场的安全设施

施工现场安全设施，如安全网、盖板、护栏、防护罩等各种限制保险装置都必须齐全有效，并且不得擅自拆除或移动，因施工确须移动时，必须经监理单位的同意，并须采取相应的临时安全措施，在完工后立即复原。

（五）安全标牌

施工现场除应设置安全宣传标语牌外，危险部位还必须悬挂符合安全色和安全标志规定的标牌。夜间有人经过的廊道等处还应设红灯示警。

三、特殊工程基本要求

一是特殊工程系指工程本身的特殊性或工程所在区域的特殊性或采用的施工工艺、方法有特殊要求的工程。有的是整体工程属于特殊工程施工现场，也有的仅是分部单元工程属于特殊工程施工现场。

二是特殊工程施工现场安全管理，除一般工程的基本要求外，还应根据特殊工程的性质、施工特点、要求等制定有针对性的安全管理和安全技术措施，基本要求如下：

第一，编制特殊工程施工现场安全管理制度并向参加施工的全体职工进行安全教育和交底。

第二，特殊工程施工现场周围要设置围护，要有出入制度并设门卫（值班人员）。

第三，强化安全监督检查制度，并认真做好安全日记。

第四，对于从事危险作业的人员要进行安全检查，作业时应设监护。

第五，施工现场应设医务室或医务人员。

第六，要备有灭火、防爆等功能的器材物资。

三是防火。“预防为主、防消结合”是我国消防工作的方针，对于工程施工现场，应采取有针对性的消防措施。具体要求如下：

第一，在编制施工组织设计（或施工方案）时，应有消防安全要求。如施工现场平面布置、临时建筑物搭建位置、用火用电和易燃易爆物品的安全管理、工地消防设施和消防责任制等都应按消防要求周密考虑和落实。

第二，施工现场要明确划分用火作业区、易燃易爆材料堆放场、仓库、易燃废品集中点和生活区等。各区域之间间距要符合防火规定。

第三，工棚或临时宿舍的搭建及间距要符合防火规定。

四是防爆。

第一，爆炸的发生必须具备一定的条件，如可燃气体、可燃液体的蒸汽或可燃性粉尘，达到一定的浓度或压力时与空气混合，遇到火源等就会发生爆炸。

第二，工程施工现场做好防爆工作的主要内容是：对于爆破及引爆物品的储存、保管、领用都必须严格按规定执行；各种气瓶的运输、存放、使用，必须按有关规定执行；各种可燃性液体、油漆涂料等在运输、保存、使用中，除按规定执行外，还应根据其性能特点采取相应的防爆措施；要向操作者及其有关人员做好安全交底。

五是防洪。应根据水文气象资料分析，针对工程洪水持续时间、流量等特点，对本工程的防汛工作提前计划、提前准备，确保工程能够安全度汛。为了有效防御灾害性洪水，规范防汛抗洪程序，切实保障人民生命财产安全，最大程度地减轻灾害损失，根据《中华人民共和国防洪法》和《中华人民共和国防汛条例》规定，结合工程项目防汛工作的实际情况，应制订汛期施工方案和防洪预案。

第四节　监理安全控制体系与措施

一、监理安全控制体系

（一）安全监理组织体系

安全监理工作应按照“统一领导、分级管理、专人负责”的原则进行管理；监理机构现场安全监理工作实行总监理工程师负责制，由项目总监负责在监理机构按照有关的规定落实各项安全监理工作；安全监理工程师负责对监理机构实施安全监理工作进行业务上的指导及监督检查；各级监理人员按照各自的职责进行安全监督工作，安全管理人人有责。

（二）主要安全监理工作制度

1. 监理内部安全学习与安全交底制度

结合工程施工进展情况，监理机构应有针对性地选择安全学习内容，内部安全学习定期进行，做好学习记录。

以下情况须进行安全交底，做好安全交底记录。

（1）监理规划中安全监督措施及文明施工监理实施细则。

（2）主要施工项目及危险性较大项目开工前的安全注意事项。

（3）现场发现安全隐患危及施工安全。

（4）新员工进场。

2. 安全文件审核制度

根据法律法规、规程规范和合同约定，要求施工单位报送并由监理审核安全文件，批准后实施。主要包括以下内容：

（1）施工单位安全风险管理体系。

（2）施工组织设计、施工方案中安全措施。

（3）安全员、特种作业人员等岗位证书。

（4）安全风险及文明施工实施方案。

（5）特殊（专项）施工技术（措施）方案。

（6）危险源辨识评价和预控措施。

（7）施工项目部应急预案。

3. **特种设备使用监督制度**

（1）检查特种设备生产许可证、检验报告和产品合格证。

（2）安装、维修单位必须持有相关的许可证，投入使用前检查特种设备验收手续。

（3）特种设备作业人员应通过专业考试，取得相应的特种设备作业人员资格证书。

4. **重要施工设施使用前，核查验收手续**

根据法律法规、规程规范，重要施工设施（主要包括大中型起重机械、整体提升脚手架、重要脚手架、模板等自升式架设和安全设施等）由施工单位报送专项施工方案，使用前组织验收，监理参加或核查验收手续，经验收合格后方可投入使用。

5. **安全旁站制度**

根据安全风险评估结果，安全风险等级评为“高风险”以上等级的施工作业，实施监理安全旁站监督，及时制止违章作业行为，做好旁站记录。

6. **安全检查制度**

（1）开工前检查。检查承包人的安全机构设置，人员、设备和制度的落实情况，特殊工种和特殊作业条件的安全应对措施等。

（2）施工过程定期检查。一般每月不少于一次，组织有关单位人员深入工地现场检查和召开安全会议，检查安全生产状况，找出潜在的安全隐患，杜绝安全事故的发生。

（3）特殊气象条件出现前检查。台风、暴雨是水利工程的重要风险因素，事前的预防准备工作是避免经济损失和发生安全事件的重要手段，监理机构应通过检查来保证承包人做好预防准备工作。

（4）日常检查。主要包括作业安全、劳动保护、设备运行、用电和消防安全检查，一旦发生违章现象，应及时予以纠正。

二、监理安全控制措施

（一）建立安全生产监理控制体系

1. **总监是安全监督的第一责任人**

负责制定安全监督监理措施，明确工程项目安全风险监理目标，审查批准承包人的安全保证体系，定期巡视工地检查安全状况，督促各级监理人员履行安全监督职责。

2. **设立安全生产监理组织机构**

根据施工进展情况合理调配安全监理人员，明确各级监理人员安全生产监督职责，制定安全生产管理制度。

3. **编制安全风险及文明施工监理实施细则，由总监批准实施。**

4. **总监根据工程特点对监理机构人员进行安全风险监理工作交底，并做好安全风险监理工作交底记录。**

（二）审查施工单位安全风险管理体系

总监组织审核施工单位安全风险管理体系，满足要求时予以确认，对安全风险管理体系应审核以下内容：

一是组织机构。

二是安全风险管理制度和程序。

三是项目负责人、专职安全生产管理人员。

四是危险源辨识、风险评价和应急预案及演练方案。

五是环境因素识别、评价、应急和相应措施。

（三）风险评估与控制

一是按法律法规、工程建设强制性条文的要求，对项目现场安全风险管理体系实施进行监督，督促施工单位开展安全风险管理工作。

二是总监组织进行监理安全风险评估，辨识与监理工作有关的危险源，制订风险控制计划，提出针对性的监理预控措施。预控措施包括以下内容：

第一，审查施工单位报送的人员资格报审表，主要包括施工安全风险管理人员，特殊工种、特种作业人员等资格证明文件，符合要求才准予上岗。

第二，督促施工单位对进场作业工人做好安全技术交底工作，并检查是否有交底记录。

第三，督促施工单位按照有关规定进行项目的施工安全风险评估，审查施工单位报审的安全风险及文明施工实施方案、施工组织设计中的安全文明施工内容，提出审批意见。

第四，对施工组织设计和施工方案中安全技术措施、特殊（专项）施工技术（措施）方案、施工项目部应急预案和重大项目、重要工序，危险、特殊作业安全施工措施以及危险源辨识评价和预控措施，提出审批意见。

第五，核查主要施工机械/工器具/安全用具报审表中主要施工机械/工器具/安全用具安全性能的证明文件。重要施工设施（大中型起重机械、重要脚手架、重要跨越架，施工用电、施工用水等力能设施，交通运输道路和危险品库房等）投入使用前，核查其安全设

施验收手续，审查施工单位大中型施工机械进场/出场申报表。

第六，存在分包情况的，还应审核施工单位提交的分包单位资质报审表中分包单位的资质文件和拟签订的分包安全协议，提出审批意见。

三是督促施工单位按照风险评估表进行风险分解评价，制定相应的措施，并在每道施工工序中严格执行。

四是督促施工单位结合工程实际情况，编制有针对性的应急预案并审查，并对现场施工人员进行应急培训，定期开展应急预案的演练。

（四）施工阶段安全风险管理

一是总监按照安全工地例会制度定期召开并主持安全工地例会，针对所存在的安全文明施工薄弱环节和问题，提出整改要求和措施，督促施工单位闭环整改。

二是及时收集参建各方的安全活动信息，并记录在监理日志等监理文件上，每月编制《监理月报》分析安全活动信息并总结，抄报建设单位。

三是当发生安全事故时，监理机构应按规定程序上报安全事故，并参加事故调查。

四是作业环境应满足安全工作要求，监理人员发现作业环境有以下情况之一时，应督促施工单位进行整改：

第一，施工区域未进行划分管理。

第二，现场作业环境里的安全警示等标志不全或不清晰。

第三，通风不足，空气条件不能满足安全与健康要求。

第四，照明与能见度较差，不能满足安全与健康要求。

第五，消防设施、设备不足，或者未进行标志；未张贴消防平面布置图。

五是当监理人员发现施工单位使用状况不良、存在安全隐患的安全工器具、施工机具、特种设备等生产工具时，应督促施工单位暂停使用并及时更换。

（五）安全风险检查与闭环

一是检查施工组织设计中的安全技术措施或专项安全技术措施是否满足安全风险控制要求，对施工单位的安全风险体系的运行情况、专项施工方案、施工作业指导书的实施情况进行检查，发现存在事故隐患的应当发出监理工程通知单，要求施工单位整改，情况严重的发出工程暂停令要求暂停施工，并及时报告建设单位。

二是监督施工单位按安全文明施工方案组织安全文明施工，督查施工单位开展“安全风险管理制度化，安全设施标准化，现场布置条理化，机料摆放定置化，作业行为规范化，环境影响最小化”等各项工作，对存在的问题发出监理工程师通知单，并督促施工单位闭环整改。

三是根据有关要求开展现场安全文明施工检查评价工作，督促施工单位整改检查发现的问题，并保留检查评价记录备查。

第一，检查施工单位安全生产管理体系的运行及安全生产管理人员到位、履行职责情况。

第二，现场检查施工单位特殊工种、特种作业人员持证上岗到位情况。

第三，监理机构应核查施工现场施工起重机械、整体提升脚手架、模板等自升式架设设施和安全设施的验收手续。

第四，监理机构应检查施工现场各种安全标志和安全防护措施是否符合强制性标准。

第五，监督、检查和协调解决工程项目建设中遇到的安全文明施工问题，督促施工单位做好成品保护。

四是进行监理安全巡视检查，对风险等级为“高风险”及以上风险等级的施工作业任务进行安全旁站监理，并拍摄数码照片和填写监理旁站记录。对发现的施工违规作业行为及安全事故隐患，及时发出监理工程师通知单，督促施工单位闭环整改；情况严重及危及人身安全的，总监及时签发工程暂停令，并报建设单位，督促施工单位闭环整改。对施工单位拒不整改或不停止施工的，监理机构应及时通过建设单位向有关主管部门报告。以电话形式报告的应当留有记录，并及时补充书面报告。检查、整改、复查、报告等情况应记载在《监理日志》《监理月报》中。

五是工程有施工分包的，应加强对分包单位的安全风险管理。

第一，通过文件审查、安全旁站和安全巡视检查等监理手段，实施分包安全监理，发现问题及时对总包单位的施工项目部发出监理工程师通知单，提出整改要求，并对发现的问题闭环整改。

第二，禁止劳务分包人员在没有施工项目部人员组织、指挥及带领的情况下独立承担重要的施工作业。

第三，专业分包单位项目负责人、技术负责人等主要管理人员离开现场时，应经监理机构同意。

第四，当监理机构认为专业分包商项目负责人、技术负责人等管理人员不能满足现场施工管理需要时，可以向施工单位提出更换要求，并报建设单位审批后实施。

第五节　施工单位施工安全责任

1. 在工程施工、完工及修补缺陷的整个过程中，施工单位应按合同规定履行其施工

安全职责。施工单位必须设置与工程规模相适应的施工安全管理机构和配备专职的施工安全人员，加强对施工作业安全的管理，特别应加强对爆破材料和爆破作业的管理，制定施工安全操作规程，配备施工安全生产设施和劳动保护用具，并经常对其职工进行施工安全教育。

2. 施工单位应在合同规定或监理单位要求的时间和地点，设置和维护所有灯光、护板、栅栏、告警信号等安全、防护设施，配置施工安全监督和值班人员，以及对工程进行保护或为过往人员提供安全保障和方便。

3. 施工单位为履行其合同义务，需要使用、运输并储存炸药或其他类似物品时，应事先采取必要的安排或预防措施，并应遵守与上述物品有关的法律、法规和规定。对于其他易燃易爆品及在使用、运输或储存中存在危险的物品，也应遵守有关的法律、法规和规定。

4. 施工单位应对其参建工程及其管辖范围内的人员、材料和设备的安全负责，并负责做好其辖区内的工作场所和居住区的日常治安保护工作。

5. 施工单位应负责其管辖范围内的消防、防汛和防灾、救灾等工作，按合同规定设置消防水源和消防设施以及防汛物资和救助设施，建立管理机构，配备相应人员，并按监理单位的指示定期进行防火安全检查，雨季防雨、防雷、防泥石流、防边坡垮塌，和每年的防汛度汛检查。

6. 施工单位应注意保护工地邻近的建筑物和附近其他施工单位人员与居民的安全，防止因施工措施不当使附近其他施工单位人员与居民的人身和财产遭受损失。

7. 施工单位在工程最终验收之前的整个施工期内，应对施工安全、劳动保护和施工环境保护承担责任。

（1）施工单位必须按施工安全、劳动保护等规定，采取一切必要的措施，保证工程现场施工安全（包括受施工作业影响的施工单位和非施工单位的人员安全），维护其施工区域内正常的生产、生活秩序。

（2）施工单位应设立专门的劳动保护、安全生产组织机构，制定包括（但不限于）防洪、防火、救护、警报、治安、爆破器材管理等在内的安全管理措施，指派专职（小工程可兼职）人员，按安全生产、劳动保护规定做好施工安全工作。

（3）施工单位应按工程施工合同文件规定，建立工地急救医疗机构，配备必需的医务人员和急救医疗器械。

（4）施工单位应遵守环境保护和安全生产法律法规，采取切实可行的控制和保护措施，避免和防止对环境的污染和危害。

（5）施工单位应按工程施工合同文件规定，为从事危险作业的施工人员办理意外伤害保险，并为此支付保险费用。

（6）施工单位应按工程施工合同文件规定和发包人单位要求协助施工区的消防、治安等工作。

8. 施工单位必须遵守施工安全法律、法规、安全规程及合同规定。若发生施工安全事故，施工单位必须及时向发包人和监理单位报告，在事故发生的规定时间内向发包人和监理单位递交书面事故报告，并承担相应的责任。

9. 施工单位必须根据作业种类和特点，并按照国家的劳动保护法规规定，为其现场人员配备相应的安全帽、水鞋、雨衣、工作服、手套、手灯、防尘面具、安全带等劳动保护用具，并确保工作人员必需的休息时间。施工单位还有责任监督进入现场的所有人员佩戴安全劳动保护用具。

10. 施工单位应按合同文件规定，在其施工区、生活营区等责任范围设置必要的保护、栅栏、安全网、安全标志信号（含灯光信号）等。安全标志信号应包括（但不限于）标准的道路信号、报警信号、危险信号、控制信号、安全信号、指示信号等。施工单位应负责维护所设（含发包人所设）信号和标志。若监理单位认为施工单位提供的信号系统不能有效地保证施工、运行和人员安全，施工单位必须按监理单位的指示补充、修改或更换该系统。

11. 施工单位应遵照合同文件规定在其施工区、道路及生活区设置足够的照明系统。在廊道、隧洞等地下建筑施工中，应有足够的通风、照明设备及排水设施；进入地下建筑物内的施工人员必须佩戴安全防护用具；地下照明系统电压高于36V时，必须加强电线绝缘，采取防直接接触带电体的保护措施和设置电流动作型（高速型）漏电保护装置。

12. 在工程施工中应配备对有害气体的监测、报警装置和安全防护用具，如防爆灯、防毒面具、报警器等。一旦发现有害气体，应立即停止作业、疏散人员，同时向监理单位报告，并在确认不存在危险、得到监理单位的同意后方能复工。

13. 凡可能漏电伤人的电气设备等均应设置接地装置，凡易受雷击的电器、高度超过20m的施工设备及施工设施等均应设置避雷装置。施工单位应负责这些装置的供应、安装、管理和维修，并定期派专业人员检查这些装置的效果。

14. 炸药必须存放在距工地或生活区有一定安全距离（不小于400m）的专门仓库内，未经监理单位批准，不得在施工现场存放炸药。炸药库的布置和设计以及炸药的储存与运输方法必须符合国家的有关规定，并应事先得到监理单位的批准。

15. 施工单位在施工过程中进行爆破作业时，应严格遵守经过监理单位批准的爆破操作规程和告警规定。施工单位在进行爆破作业时，应对所有的人身、工程本体和公私财产采取保护性措施，并对由于爆破而造成的人身伤亡（包括第三者的伤亡）以及对工程本体

或公私财产的损失，承担全部责任。

16. 施工单位应按合同文件规定和监理单位指示配备必需的消防人员和消防设备、器材。消防人员应熟悉消防业务。消防设备和器材应随时检查保养，使其始终处于良好的状态。施工单位在向监理单位递交的施工组织设计中，应包含上述内容的消防措施和规划报告，并报送监理单位审批。

17. 施工单位必须重视水情和气象预报，并有专人负责。水情和气象预报由发包人统一发布，一旦发现有可能危及工程安全和人身财产安全的洪水或气象灾害预兆时，应立即采取有效的防洪和防止气象、地质灾害的措施，以确保工程、人身财产的安全和工程施工的有序进行。同时，施工单位有责任协助发包人和其他单位、部门采取有力的防护、救灾措施，以减少灾害对工程和工区所有人员、财产造成的损失。在汛期，施工单位应服从发包人单位有关防洪、抢险和其他防汛工作的统一调度和指挥。

18. 施工单位应根据国家颁布的各种安全规程、工程施工合同文件，结合现场施工条件，编印通俗易懂和适合于本工程使用的安全防护规程手册，并将手册送交监理单位备案。这类手册应分发给施工单位的全体职工。

安全防护规程手册的内容包括（但不限于）下列内容：

（1）防护衣、安全帽、防护鞋袜及其他防护用品的使用。

（2）钻机、凿岩台车、锚喷机械、升降机、起重机等现场各种施工机械的使用。

（3）爆破器材的储存、运输和使用。

（4）汽车驾驶和运输机械的使用。

（5）地下开挖作业安全。

（6）高边坡开挖作业安全。

（7）用电安全。

（8）灌浆作业安全。

（9）模板、脚手架作业安全。

（10）混凝土浇筑作业安全。

（11）钢结构制作和安装作业安全。

（12）机修作业安全。

（13）压缩空气作业安全。

（14）高空和临边作业安全。

（15）焊接、防腐作业的安全和防护。

（16）水上作业安全。

（17）意外事故和火灾的救护程序。

（18）化学制品作业的安全和有害气体的防护。

（19）防洪和防气象灾害措施。

（20）信号和告警知识。

19. 安全会议、作业资格和安全防护教育：

（1）工程开工前，施工单位应对作业人员进行安全作业教育和培训，保证施工作业人员具有必要的安全生产和安全防范知识，熟悉相关安全生产规章制度、施工安全手册和安全作业规程，掌握本岗位的安全操作技能。

（2）工程开工前，施工单位应组织施工安全管理人员、施工安全监督员和重要岗位作业人员进行安全作业的考核与考试，考试合格的职工才准许进入工作面工作。

（3）施工单位从事爆破、运输、供电、焊接、起吊作业等特种作业人员，必须按照国家有关规定经过专门的安全作业培训，取得特种作业资格证书，方可上岗作业。

（4）施工单位应定期举行施工安全会议，并指定有关管理人员、工长和施工安全监督人员参加，结合施工进展对危险源进行评估分析，制订应急预案，告知作业人员在紧急情况下应当采取的应急措施。

（5）各作业班组均应设置施工安全监督员，对该班组作业情况进行检查和监督，及时处理安全作业中存在的问题。

（6）对于危险作业，施工单位应加强安全检查，并建立专门施工安全监督岗，在危险作业区附近设置标志，以引起施工人员和过往人员的注意。

20. 在合同期间，施工单位应采取合理的措施，阻止其职工发生任何妨碍治安等违法行为，以维护社会秩序和保护工程附近的人员和财产免遭上述行为的侵害。

21. 在承建项目区域内，施工单位有义务协助发包人或地方安全、治安管理部门对其安全防护设施和施工安全规章制度的建立与执行等进行必要的检查和监督。

第六节　施工安全技术措施

一、编制要求

一是要在工程开工前编制并经过审批，在工程图纸会审时，就必须考虑到施工安全，用于工程的各种安全设施能有较为充分的时间做准备，从而保证各种安全设施的落实。在施工过程中，由于工程变更等情况的发生，安全技术措施也必须及时做出相应的补充、完善。

二是要有针对性。编制安全技术措施的技术人员必须掌握工程概况、施工方法、场地环境和条件等第一手资料，并熟悉安全法规、标准等，才能有针对性地编写安全技术措施。

第一，针对不同工程的特点，对可能发生的危害，要从技术上采取措施，消除危险，保证施工安全。

第二，针对不同的施工方法，如立体交叉作业、框架整体提升装置及大模板施工等，可能给施工带来的不安全因素，要从技术上采取措施，保证安全施工。

第三，针对使用的各种机械设备、变配电设施可能给施工人员带来的危险因素，要从安全保险装置等方面采取技术措施。

第四，针对施工中有毒、有害、易爆、易燃等作业可能给施工人员造成的危害，要从技术上采取防护措施，防止发生伤害事故。

第五，针对施工场地及周围环境可能给施工人员或周围居民带来的危害，以及材料、设备运输带来的困难和不安全因素，要从技术上采取措施，加以保护。

三是要考虑全面、具体。安全技术措施均应贯彻于全部施工工序中，力求细致、全面、具体。例如，施工平面布置不当，临时工程多次迁移，工程材料多次转运，不仅影响施工进度，而且造成浪费，有的还留下隐患。再如，易爆易燃临时仓库及明火作业区、工地宿舍、厨房等位置选择及间距不当，可能酿成事故。只有把多种因素和各种不利条件考虑周全，有对策、有措施，才能真正做到对事故的预防。但是，全面、具体不等于罗列一般通常的操作工艺、施工方法以及日常安全工作制度、安全纪律等。这些制度性规定，安全技术措施中无须再做抄录，但必须严格执行。

四是对特殊工程要有相应要求。对大型水利工程或一些面积大、结构复杂的重点工程，除必须在施工组织总设计中编制施工安全技术总体措施外，还应编制单位工程或分部（单元）工程安全技术措施。对爆破、吊装、水下及水上、深坑、拆除等大型特殊工程，都要编制单项安全技术方案。此外，还应编制季节性施工安全技术措施。

总之，应该根据工程施工的具体情况进行系统的分析，选择最佳施工安全方案，编制有针对性的安全技术措施。

二、主要内容

（一）一般工程安全技术措施

1. 土方工程。根据基坑、基槽、地下工程等开挖深度和围岩的种类，选择合理的开挖与支护方法，确定边坡的坡度或采取相应基坑支护措施，以防止塌方。

2. 脚手架、吊篮、工具式脚手架等的选用及设计搭设方案和安全防护措施。

3. 高空作业的上下安全通道及防护措施。

4. 安全网的架设要求、范围（保护区域）、架设层次、段落。

5. 对施工用的电梯、井架（龙门架）等垂直运输设备位置搭设及其稳定性、安全装置等的要求和措施。

6. 隧洞洞口及边坡的临时防护方法和立体交叉施工作业区的隔离措施。

7. 场内运输道路及人行通道的布置。

8. 编制施工临时用电的组织设计和绘制临时用电图纸。在建工程（包括脚手架具）的外侧边缘与外电架空线路的间距没有达到最小安全距离时应采取的防护措施。

9. 施工机具的使用安全。

10. 模板的安装和拆除安全。

11. 在建工程与周围人行通道及民房的防护隔离设置。

（二）特殊工程安全技术措施

对于结构复杂、危险性大的特殊工程，应编制专项的安全措施，如围堰施工、洞室开挖、爆破作业、大型吊装、大跨度结构、各种特殊架设作业、高层脚手架、井架和拆除工程等，必须编制单项的安全技术措施，并要有设计依据、计算书、详图、文字描述等。

（三）季节性施工安全措施

季节性施工安全措施，就是考虑不同季节的气候给施工生产带来的不安全因素、可能造成的各种突发性事故，而从防护上、技术上、管理上采取的措施。一般建筑工程可在施工组织设计或施工方案的安全技术措施中，编制季节性施工安全措施；危险性大、高温露天作业多的工程，应单独编制季节性的施工安全措施。季节性主要指夏季、雨季和冬季。

各季节性施工安全的主要内容如下：

一是夏季施工安全措施。夏季气候炎热，高温时间持续较长，主要应做好防暑降温工作。

二是雨季施工安全措施。雨季进行作业，主要应做好防触电、防雷击、防坍塌、防洪潮和防台风等各项工作。

三是冬季施工安全措施。冬季进行作业，主要应做好防风、防火、防滑、防毒气中毒等各项工作。

三、督促落实

经批准的安全技术措施具有技术法规的作用，必须认真贯彻执行。遇到因条件变化或

考虑不周必须变更安全技术措施内容时，应经由原编制、审批人员办理变更手续，不得擅自变更。

一是要认真进行安全技术措施的交底。工程开工前，总工程师或技术负责人，要将工程概况、施工方法和安全技术措施，向参加施工的班组负责人、职工进行安全技术交底。每个分部工程开始前，应重复进行单项工程的安全技术交底。对安全技术措施中的具体内容和施工要求，应向现场负责人、工长进行详细交底并充分讨论，使执行者了解其具体情况，为安全技术措施的落实打下基础，安全交底应有书面材料，有双方的签字和交底日期。

二是安全技术措施中的各种安全设施、防护设置的实施应列入施工任务单，责任落实到班组或个人，并实行验收制度。

三是加强安全技术措施实施情况的检查，技术负责人、编制者和安全技术人员要经常深入工地检查安全技术措施的实施情况，及时纠正违反安全技术措施的行为，并根据实施情况及时补充和修改，使之更加完善、有效。各级安全部门要以施工安全技术措施为依据，以安全法规和各项安全规章制度为准则，经常性地对各工地实施情况进行检查，并监督各项安全措施的落实。

四是对安全技术措施的执行情况，除认真监督检查外，还应建立必要的与经济挂钩的奖罚制度。

第七节 安全教育与安全检查

一、安全教育与培训

（一）安全教育与培训的内容

1. 安全生产思想教育

安全生产思想教育的目的是为安全生产奠定思想基础，通常从方针政策和劳动纪律两个方面进行。

（1）方针政策教育

一是提高各级领导干部和广大职工群众对安全生产重要意义的认识。从思想上、理论上认识社会主义制度下搞好安全生产的重要意义，以增强关心人、保护人的责任感，树立牢固的群众观点。二是通过安全生产方针、政策教育，提高各级领导、管理干部和广大职工的政策水平，使他们正确、全面地理解党和国家的安全生产方针、政策，严肃、认真地执行安全生产方针、政策和法律法规，自觉遵法守法，实现安全生产。

（2）劳动纪律教育

劳动纪律教育主要是使广大职工懂得严格执行劳动纪律对实现安全生产的重要性，企业的劳动纪律是劳动者进行共同劳动时必须遵守的规则和秩序。反对违章指挥，反对违章作业，严格执行安全操作规程，遵守劳动纪律是贯彻安全生产方针、减少伤亡事故、实现安全生产的重要保证。

2. 安全知识教育

企业所有职工必须具备安全基本知识。因此，全体职工都必须接受安全教育，每年应有规定时间进行安全培训。安全基本知识教育的主要内容包括：企业的基本生产概况；施工流程、方法；企业施工危险区域及其安全防护的基本知识和注意事项；机械设备、厂（场）内运输的有关安全知识；高处作业安全知识；生产（施工）中使用的有毒有害原材料或可能散发的有毒有害物质的安全防护基本知识；消防制度及灭火器材应用的基本知识；个人防护用品的正确使用知识；等等。

3. 安全技能教育

安全技能教育，就是结合本工程专业特点，实现安全操作、安全防护所必须具备的基本技术知识要求。每个职工都要熟悉本工种、本岗位专业安全技术知识，安全技能知识是比较专门、细致和深入的知识，包括安全技术、劳动卫生和安全操作规程。国家规定建筑登高、架设、起重、焊接、电气、爆破、压力容器、锅炉等特种作业人员必须进行专门的安全技术培训，并经考试合格，持证上岗。

在开展安全生产教育中，可以结合典型经验和事故教训进行教育，因此，要注意收集本单位和外单位的先进经验及事故教训。宣传先进经验，既是教育职工找差距的过程，又是学先进、赶先进的过程；事故教育可以从事故教训中汲取有益的东西，防止今后类似事故的发生。

（二）安全教育与培训的基本要求

安全教育与培训应定期或不定期进行，要根据教育对象的各自特点有针对性地进行，以取得良好的教育效果。

1. 领导干部的安全教育

安全生产工作是企业管理的一个组成部分，企业领导是安全生产工作的第一责任人。领导应自觉学习安全法规、安全技术知识，提高安全意识和安全管理工作领导水平，严格执行

安全生产规章制度，言传身教，在群众中起示范带头作用。企业主管部门应经常对企业领导干部进行安全生产工作宣传教育、考核。建立健全经理（厂长）安全培训考核制度。

2. **新工人的三级安全教育**

三级安全教育是企业必须坚持的安全生产基本教育制度。对新工人（包括新招收的合同工、临时工、学徒工、农民工及实习和代培人员）都必须进行公司、施工项目部、班组的三级安全教育。三级安全教育一般由安全、教育和劳资部门配合组织进行。经教育考试合格者才准许进入生产岗位；不合格者必须补课、补考。

对新工人的三级安全教育情况，要建立档案，如职工安全生产教育卡等，新工人工作一定阶段后还应进行重复性的安全教育，进一步强化安全意识。

3. **特种作业人员的培训**

（1）特种作业的定义是“对操作者本人，尤其对他人和周围设施的安全有重大危害因素的作业”。直接从事特种作业者，称为特种作业人员。

（2）特种作业范围是电工作业、起重机械操作、爆破作业、金属焊接（气焊）工作、机动车辆驾驶、轮机操作、机动船舶驾驶、高架设作业以及符合特种作业基本定义的其他作业。

（3）从事特种作业的人员必须经国家规定的有关部门进行安全教育和安全技术培训，并经考核合格取得操作证者，方准许独立作业。同时，除机动车辆驾驶和机动船舶驾驶、轮机操作人员按国家有关规定执行外，其他特种作业人员等两年进行一次复审。

（三）经常性教育与培训

安全教育培训工作，必须做到经常化、制度化。

一是要把经常性的普及教育贯穿管理工作的全过程，并根据接受教育对象的不同特点，采取多层次、多渠道和多种方法进行。经常性教育主要内容包括以下几点：

第一，劳动保护、安全生产法规及有关文件、指示。

第二，各部门和每个职工的安全责任。

第三，遵章守纪。

第四，安全技术先进经验、技术革新成果。

第五，事故案例及教训。

二是采用新技术、新工艺、新设备、新材料和调换工作岗位时，要对操作人员进行新技术操作和新岗位的安全教育，未经教育不得换岗操作。

三是班组应每周安排一次安全活动日，可利用班前或班后进行。其内容包括以下几点：

第一，学习国家和企业的安全生产规定。

第二，回顾上周安全生产情况，提出下周安全生产要求。

第三，分析班组工人安全思想动态及现场安全生产形势，表扬好人好事，提出需要吸取的教训。

四是进行适时安全教育，应根据建筑施工的生产特点针对下述情况强化安全教育：

第一，工程突击赶任务时，往往不注意安全，应抓紧安全教育。

第二，工程接近收尾时，容易忽视安全，应抓紧安全教育。

第三，施工条件好时，容易麻痹，应抓紧安全教育。

第四，季节气候变化期，外界不安全因素多，应抓紧安全教育。

第五，节假日前后，思想不稳定，应抓紧安全教育。

五是纠正违章教育。企业对由于违反安全规章制度而导致重大险情或未遂事故的职工，要及时进行教育。教育内容为违反的规章条文及其危害性。使受教育者充分认识自身的过失并吸取教训。对于情节严重的违章事件，除教育责任者本人外，还应通过适当的形式加以现身说法，扩大教育面。

（四）安全教育培训的形式

安全教育培训可以根据各自的特点，因地制宜，采取多种形式进行。例如，建立安全教育室，举办多层次安全培训班、安全课、安全知识讲座、安全报告会，进行图片和典型事故照片展览，放映电视安全教育片，举办以安全生产为内容的书画摄影展览，举办安全知识竞赛，出版安全教育黑板报、墙报，编印安全教育简报等，还可考虑给职工家属发送安全宣传品，动员职工家属进行安全生产监督，总之，安全教育培训切忌枯燥无味。但同时，进行安全教育培训应注意思想性、严肃性、及时性。进行事故教育时，要避免片面性、恐怖性，应正确指出造成事故的原因及防范的措施。

二、安全检查

（一）安全检查的目的与意义

1. 安全检查的目的

（1）预防伤亡事故，把伤亡事故频率和经济损失降到低于社会容许的范围，处于国际同行业的先进水平。

（2）不断改善生产条件和作业环境，达到最佳安全状态。由于安全是与生产同时存在的，因此，危及劳动者的不安全因素也同时存在，事故的原因也是复杂和多方面的。为

此，必须通过安全检查对施工中存在的不安全因素进行预测、预报和预防。

2. **安全检查的意义**

（1）通过检查，可以发现施工中的不安全（人的不安全行为和物的不安全状态）、不卫生问题，从而采取对策，消除不安全因素，保障安全生产。

（2）利用安全生产检查，进一步宣传、贯彻、落实国家安全生产方针、政策和各项安全生产规章制度。

（3）安全检查实质上也是一次群众性的安全教育。通过检查，增强领导和群众的安全意识，纠正违章指挥、违章作业，提高搞好安全生产的自觉性和责任感。

（4）通过检查可以互相学习、总结经验、吸取教训、取长补短，有利于进一步促进安全生产工作。

（5）通过安全生产检查，了解安全生产状态，为分析安全生产形势、研究加强安全管理提供信息和依据。

（二）安全检查的内容与形式

1. **安全检查的内容**

安全检查内容主要应根据施工特点，制定检查项目和标准。但概括起来，主要是检查思想认识、制度落实、机械设备、安全设施、安全教育培训、操作行为、劳保用品使用、伤亡事故的处理等。

2. **安全检查的形式**

（1）主管部门对下属单位进行的安全检查。主要针对本行业的特点，对带有共性的问题和主要问题进行检查、总结，对基层推动作用较大。

（2）定期安全检查。企业内部必须建立定期分级安全检查制度。检查应由单位领导牵头，安全、动力设备等部门派人员参加，属全面性和考核性的检查。

（3）专业性安全检查。检查由企业有关业务部门组织，对某项专业（如脚手架）的安全问题或在施工中存在的普遍问题进行单项检查，这类检查专业性强，可结合单项评比进行。

（4）经常性的安全检查。施工过程中进行的经常性的预防检查，能及时发现并消除隐患，保证施工正常进行。通常有：班组进行班前、班后岗位安全检查；各级安全员及值班人员日常巡回安全检查；各级管理人员在检查生产情况时，同时检查安全状况。

（5）季节性及节假日前后安全检查。

（6）施工现场的自检、互检和交接检查。

3. 安全检查的要求

（1）各种安全检查都应该根据检查要求配备力量。特别是大范围、全面性安全检查，要明确检查负责人，抽调专业人员参加检查，并进行分工，明确检查内容、标准及要求。

（2）各种安全检查都应有明确的检查目的和检查项目、内容及标准。“保证项目”要重点检查。对大面积或数量多的相同内容的项目可采取系统的观感和一定数量的测点相结合的检查方法。检查时尽量采用检测工具，用数据说话。对现场管理人员和操作工人不仅要检查是否有违章指挥和违章作业行为，还应进行应知应会知识的抽查，以便了解并提高管理人员及操作工人的安全素质。

（3）检查记录是安全评价的依据，应认真、详细地记录。特别是对隐患的记录必须具体，如隐患的部位、危险性程度及处理意见等。采用安全检查评分表的，应记录每项扣分的原因。

（4）安全检查需要认真、全面地进行系统分析，安全评价应恰如其分。一定要摸清摸透：哪些检查项目已达标，哪些检查项目虽然基本上达标，但是具体还有哪些方面需要进行完善，哪些项目没有达标，存在哪些问题需要整改。受检查单位（即使本单位自检也需要安全评价）根据安全评价可以研究对策，进行整改和加强管理。

（5）整改是安全检查工作的重要组成部分，是检查结果的归宿。整改工作包括隐患登记、整改、复查、销案。

4. 对检查出来的隐患处理

（1）检查中发现的隐患应该进行登记，不仅是作为整改的备查依据，而且是提供安全动态分析的重要信息渠道。例如，各单位或多数单位（工地、车间）安全检查都发现同类型隐患，说明是“通病”。若某单位安全检查中经常出现相同隐患，说明没有整改或整改不彻底，形成“顽症”。根据隐患记录的信息流，可以制定出指导安全管理的决策。

（2）安全检查中查出的隐患除进行登记外，还应发出隐患整改通知单，引起整改单位重视。对凡是有即发性事故危险的隐患，检查人员应责令停工，被查单位必须立即整改。

（3）对于违章指挥、违章作业行为，检查人员可以当场指出，进行纠正。

（4）被检查单位领导对查出的隐患，应立即研究整改方案，定人、定期限、定措施，立即进行整改。

（5）整改完成后要及时上报有关部门。有关部门要立即派员进行复查，经复查整改合格后，进行销案。

参考文献

[1] 闫文涛，张海东．水利水电工程施工与项目管理［M］．长春：吉林科学技术出版社，2020.

[2] 段文生，李鸿君，赵永涛．水利水电工程招投标机制研究［M］．郑州：黄河水利出版社，2017.

[3] 杜伟华，徐军，季生．水利水电工程项目管理与评价［M］．北京：光明日报出版社，2015.

[4] 周建中，张勇传，陈璐．水电能源优化的若干问题研究［M］．上海：上海科学技术出版社，2015.

[5] 刘志强，季耀波，高智，等．水利水电建设项目环境保护与水土保持监理工作指南［M］．昆明：云南大学出版社，2020.

[6] 谢文鹏，苗兴皓，姜旭民，等．水利工程施工新技术［M］．北京：中国建材工业出版社，2020.

[7] 贾志胜，姚洪林．水利工程建设项目管理［M］．长春：吉林科学技术出版社，2020.

[8] 张立中．水利水电工程造价管理［M］．北京：中央广播电视大学出版社，2014.

[9] 代彦芹，黄靖，樊宇航．水利水电工程计量与计价［M］．成都：西南交通大学出版社，2016.

[10] 黄祚继，黄忠赤，黄守琳．水利水电工程建设管理工作实务［M］．郑州：黄河水利出版社，2012.

[11] 袁俊周，郭磊，王春艳．水利水电工程与管理研究［M］．郑州：黄河水利出版社，2019.

[12] 戴会超．水利水电工程多目标综合调度［M］．北京：中国三峡出版社，2019.

[13] 高明强，曾政，王波．水利水电工程施工技术研究［M］．延吉：延边大学出版社，2019.

[14] 马明．水利水电勘探及岩土工程发展与实践［M］．武汉：中国地质大学出版社，2019.

[15] 刘世梁，赵清贺，董世魁．水利水电工程建设的生态效应评价研究［M］．中国环境出版社，2016.

[16] 董舟．水电工程移民管理信息系统设计与应用［M］．武汉：长江出版社，2019.

[17] 翁永红，陈尚法．水利水电工程三维可视化设计［M］．武汉：长江出版社，2014.

[18] 孙玉玥，姬志军，孙剑．水利工程规划与设计［M］．长春：吉林科学技术出版社，2019.

[19] 朱显鸽．水利水电工程施工技术［M］．郑州：黄河水利出版社，2020.

[20] 牛广伟．水利工程施工技术与管理实践［M］．北京：现代出版社，2019.

[21] 魏温芝，任飞，袁波．水利水电工程与施工［M］．北京：北京工业大学出版社，2018.

[22] 贾洪彪，邓清禄，马淑芝．水利水电工程地质［M］．武汉：中国地质大学出版社，2018.

[23] 高占祥．水利水电工程施工项目管理［M］．南昌：江西科学技术出版社，2018.

[24] 王东升，徐培蓁．水利水电工程施工安全生产技术［M］．徐州：中国矿业大学出版社，2018.

[25] 孙明权．水利水电工程建筑物［M］．北京：中央广播电视大学出版社，2014.

[26] 张志坚．中小水利水电工程设计及实践［M］．天津：天津科学技术出版社，2018.

[27] 谢向文，马若龙，涂善波，等．水利水电工程地下岩体综合信息采集技术钻孔地球物理技术：原理与应用［M］．郑州：黄河水利出版社，2018.

[28] 邱祥彬．水利水电工程建设征地移民安置社会稳定风险评估［M］．天津：天津科学技术出版社，2018.

[29] 王永潭，孔繁臣．水电建设工程风险管控的理论与实践［M］．北京：煤炭工业出版社，2018.

[30] 贾金生，谢小平．水利水电工程建设与运行管理技术新进展：中国大坝工程学会 2016 学术年会论文集［M］．郑州：黄河水利出版社，2016.